今すぐ使える かんたんEx

パワーポイント
PowerPoint
ビジネス作図

2021/2019/2016/365 対応版

GIHYO
SELECTION

プロ技 **BEST** セレクション

Professional Skills

PREMIUM

リブロワークス 著

技術評論社

▶ 本書の使い方

セクションごとに
機能を順番に解説
しています。

セクション名は具
体的な作業を示し
ています。

セクションの解説
内容のまとめを表
示しています。

章が探しやすいよう
にセクションの分類
を表示しています。

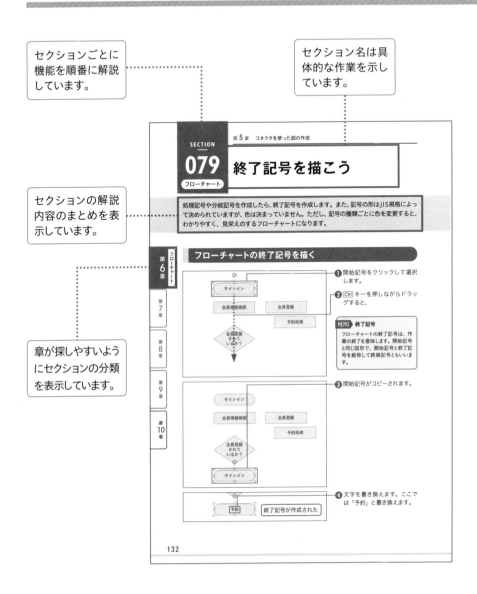

フローチャートの記号の色を変更する

1 Shift キーを押しながら3つ
の処理記号をクリックして選
択します。

MEMO 複数の図形を選択する

複数の図形を選択するには、
Shift キーを押しながら目的の図形
をクリックするか、複数の図形を囲
むようにドラッグします。

操作に関連する
ちょっとした補足
情報を解説してい
ます。

2 色を変更します。ここではく
ゴールド、アクセント4、白
＋基本色 80%>に設定しまし
た。

MEMO 図形の色を変更する

図形の色は、<書式>タブのボタ
ンから変更できます（Sec.017参
照）。

3 同様の手順で分岐記号の色を
変更します。ここでは、<緑、
アクセント6、白＋基本色
80%>に設定しました。

番号付きの記述で
操作の順番が一目
瞭然です。

⊘ COLUMN

ループ記号を描く

フローチャートでよく使われる図形の1つにループ記号
があります。しかし、<挿入>タブにある<図形>をク
リックすると表示される一覧の<フローチャート>グル
ープには、該当する図形がありません。<四角形>グル
ープにある<四角形：上の2つの角を切り取る>を使っ
て作成します。ループの終了記号を描くときは、図形の
左下と右上にある調整ハンドルを操作して図形の形を調
整します。

133

重要な補足説明や
応用操作を解説し
ています。

▶ サンプルファイルのダウンロード

本書の解説内で使用しているサンプルファイルは、以下のURLのサポートページからダウンロードできます。ダウンロードしたときは圧縮ファイルの状態なので、展開してからご利用ください。以下は、Windows 10のMicrosoft Edgeの画面で解説しています。

なお、Windows 8/8.1/11や他のWebブラウザーでは一部操作が異なります。

https://gihyo.jp/book/2021/978-4-297-12427-4/support

手順解説

1. Webブラウザーを起動し、アドレス欄に上記のURLを入力して[Enter]キーを押します。

2. <サンプルファイル>をクリックします。

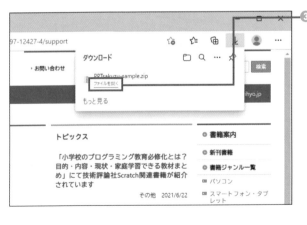

3. ファイルがダウンロードされるので、<ファイルを開く>をクリックします。

④ <すべて展開>をクリックします。

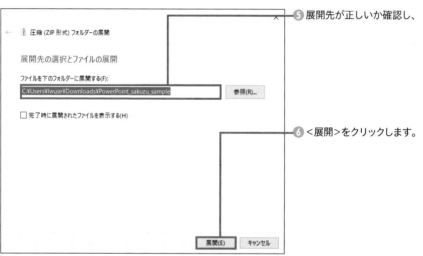

⑤ 展開先が正しいか確認し、

⑥ <展開>をクリックします。

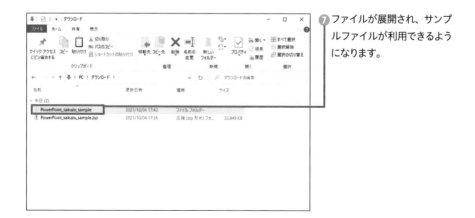

⑦ ファイルが展開され、サンプルファイルが利用できるようになります。

▶ 目次

▶ 目次

第5章 SmartArtを使った図の作成

▶ 目次

第8章 表紙や見出しに使える文字の作成

第9章 トレースによる図の作成

▶ 目次

第12章 実例サンプル

付録

第 **1** 章

図を作成する前の準備

キレイで見やすい
図を作るには？

デザインセンスに自信がなくても、統一感にさえ気を配れば、誰でもキレイで見やすい図を作れます。色やフォント、文字サイズなどを絞り込み、重要なところだけ目立つ色を使うようにしましょう。また、枝葉末節を削って、構成要素を絞り込むのも効果的です。

統一感を意識するだけで図は見やすくなる

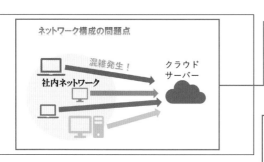

❶ 色やフォント、サイズがバラバラな図は、あまり見やすいとはいえません。

❷ フォントやサイズを統一し、使う色を減らすだけで見やすい図になります。

> **MEMO** 統一感を出すには？
>
> 色や文字サイズ、フォントなどを無意味に変えすぎると、乱雑でわかりにくい図になってしまいます。「使うフォントは太さ違いの2種類」「文字サイズは3種類」「目立たせたいところだけ色を変える」「そろえられるところはそろえる」といった注意をするだけで、図に統一感が出てグッと見やすくなります。

❸ 線を太めにすると、手間を掛けずに見栄えする図になります。

> **MEMO** 太めの線で手軽に見栄えアップ
>
> 細い線を使いこなすには少しだけデザインセンスが必要です。手軽に見栄えをよくするには、太めの線を使うことをおすすめします。

情報を整理する

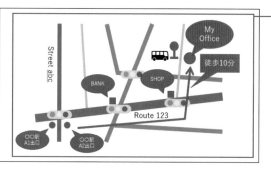

❶ 図形や文字を配置しすぎると、伝えたい情報が曖昧になります。

> **MEMO 文字をはっきりとわかりやすく**
>
> 細いフォントを使うと、見栄えのするデザインになることもあります。しかし、何が書いてあるのかわからない図では、よいプレゼンテーションといえません。文字ははっきりとわかりやすくしましょう。

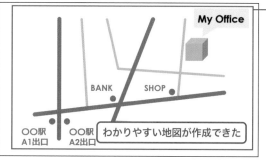

❷ 色数を抑え、必要な情報だけを残します。

> **MEMO 色数を抑える**
>
> 色を使いすぎると、閲覧者の視点が定まりません。メインとなる色を1色決め、強調したい部分だけ異なる色を設定すると、落ち着いたスライドになります。色の違いは、色の濃淡で表現します。

✅ COLUMN

テーマを決める

図形の配色や文字のフォントは、スライドのテーマによって異なります。テーマは、＜デザイン＞タブの＜テーマ＞から選択できます。▽をクリックすると表示される一覧から選択することも可能です。ただし、テーマを後から変更すると、スライドの背景や図形の配色、文字のフォントなども変更されます。図形のイメージも変わってしまうため、図形を作成する前に決めておくことをおすすめします。

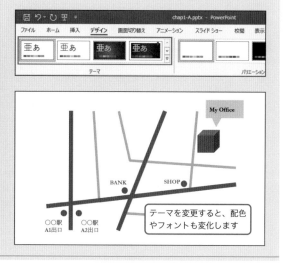

SECTION 002
作成前の準備

PowerPoint で使える作図機能

PowerPointには、円や四角、矢印などの「基本図形」、イラスト素材集として使える「アイコン」など、かんたんに配置できる図の部品が用意されています。これらをうまく組み合わせ、さらに作図の補助機能も使いこなせば、必要な図を短時間で作ることができます。

PowerPointの作図機能

作成する図形を一覧から選択できます（Sec.013参照）。

MEMO　豊富な基本図形

PowerPointには、直線や四角形、円形、三角形、矢印といったたくさんの図形が用意されています。これらの図形は、一覧から選択し、スライド上をドラッグするだけで作成できます。

MEMO　アイコンや写真を配置できる

スライドには、アイコンや写真、イラストなどの画像を配置することもできます。PowerPointの図形と組み合わせたり、ぼかしなどの効果を設定したりすることで、表現力のあるスライドを作成できます。

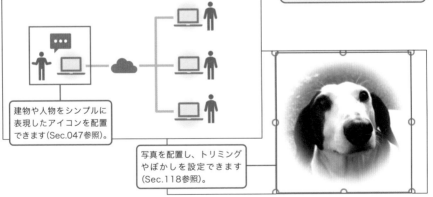

建物や人物をシンプルに表現したアイコンを配置できます（Sec.047参照）。

写真を配置し、トリミングやぼかしを設定できます（Sec.118参照）。

作図のための補助機能

●グループ化機能

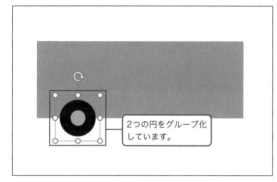

2つの円をグループ化
しています。

MEMO グループ化する

PowerPointでは、複数の図形を
組み合わせて1つのオブジェクト（作
品）を作成できます。関連する複
数の図形をグループ化すると、まと
めて移動したり、サイズを変更した
りできるので便利です（Sec.031
参照）。

●スマートガイド

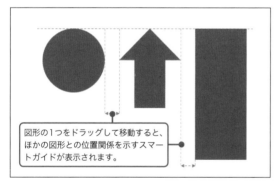

図形の1つをドラッグして移動すると、
ほかの図形との位置関係を示すスマー
トガイドが表示されます。

MEMO スマートガイドを利用する

PowerPointでは、図形の移動や
作成を行うとき、赤色の破線が表
示されることがあります。これはス
マートガイドと呼ばれる補助線で、
ほかの図形との位置や間隔、サイ
ズが揃う位置に表示されます。
WordやExcelには搭載されてい
ません。図形の作成が必須ともい
えるPowerPointならでは機能で
す（Sec.034参照）。

●作図を補助する主な機能

機能	解説	参照先
補助線の表示	図形のサイズや位置を調整するための目安となるガイド線やグリッド線を表示します。	Sec.126
図形のコピー	もとになる図形をコピーして同じ図形を作成します。	Sec.027
書式のコピー	もとになる図形の色や線の太さをコピーします。	Sec.130
既定の図形の設定	図形の色や線の太さをあらかじめ設定します。	Sec.005
サイズの指定	図形のサイズをcm単位で正確に指定します。	Sec.131
図形の拡大／縮小	図形をドラッグ操作で拡大／縮小します。	Sec.026
図形の回転	図形をドラッグ操作で回転させます。	Sec.029
重なっている図形の選択	後ろに隠れている図形を選択します。	Sec.133
頂点の編集	図形を構成する点を編集して自由に変形します。	Sec.040

第1章 作成前の準備

第2章

第3章

第4章

第5章

SECTION

003

作成前の準備

用紙サイズを設定しよう

スライドのサイズは、パソコンのディスプレイのワイド画面に合わせて縦横比が「16:9」に設定されています。縦長の図などを作成する必要がある場合などは、事前にスライドサイズを調整しておきましょう。

スライドのサイズをバナー用のサイズに変更する

❶ スライドのサイズは、標準設定では、画面の比率が「16:9」に設定されています。

MEMO　ピクセル単位で指定する

PowerPointの数値の単位はセンチメートル（cm）ですが、Webページのバナーなどではピクセル（px）が使われます。スライドのサイズをピクセルで指定したい場合は、数値に続けて「px」を入力します。ただし、変更後のサイズはcmに変換されて表示されます。ここではスライドのサイズを、バナーとしてよく利用されるサイズの1つ「336x280ピクセル」に変更します。

❷ ＜デザイン＞タブをクリックし、

❸ ＜スライドのサイズ＞をクリックして、

❹ ＜ユーザー設定のスライドのサイズ＞をクリックします。

❺ ＜幅＞に「336px」と入力し、

❻ ＜高さ＞をクリックすると、

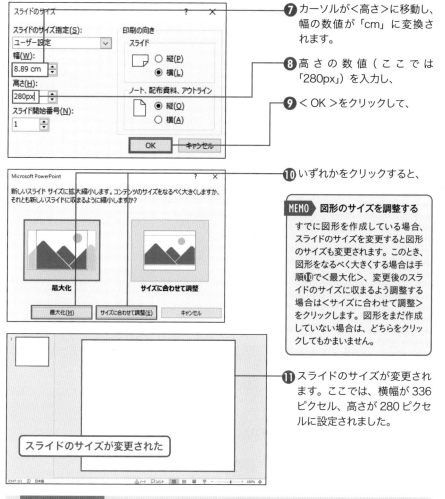

⑦ カーソルが＜高さ＞に移動し、幅の数値が「cm」に変換されます。

⑧ 高 さ の 数 値（ ここ で は「280px」）を入力し、

⑨ ＜ OK ＞をクリックして、

⑩ いずれかをクリックすると、

> **MEMO** 図形のサイズを調整する
>
> すでに図形を作成している場合、スライドのサイズを変更すると図形のサイズも変更されます。このとき、図形をなるべく大きくする場合は手順⑩で＜最大化＞、変更後のスライドのサイズに収まるよう調整する場合は＜サイズに合わせて調整＞をクリックします。図形をまだ作成していない場合は、どちらをクリックしてもかまいません。

⑪ スライドのサイズが変更されます。ここでは、横幅が 336 ピクセル、高さが 280 ピクセルに設定されました。

✅ COLUMN

タブレットサイズやA4サイズに変更する

標準設定では、スライドの縦横比はパソコンのワイド画面に合わせて「16：9」に設定されています。iPad用の縦横比に変更するには、手順❹で＜標準（4：3）＞をクリックします。その他のタブレットの場合は、多くの機種で「16：10」が採用されていますが、機種によって異なるため端末のマニュアルなどで確認してください。「16：10」に設定するには、手順❺で＜スライドのサイズ指定＞の▽をクリックし、一覧から＜画面に合わせる（16：10）＞をクリックします。一覧からは、A4サイズやはがきサイズを指定することもできます。

SECTION
004
作成前の準備

使用するフォントを絞って決めよう

図形に文字を配置する場合、太い文字のほうがわかりやすくなります。通常、文字を配置すると標準設定のフォントが適用されますが、いちいちフォントを変更していては手間がかかります。はじめから指定のフォントが適用されるように設定すると効率的です。

標準設定のフォントを変更する

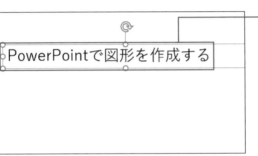

❶ 文字を入力すると、標準設定のフォントが適用されます。

> **MEMO** 文字を配置する
>
> スライドに文字を配置するには、テキストボックスという専用の図形を作成します（Sec.082参照）。

❷ <デザイン>タブをクリックし、

❸ <バリエーション>にある回をクリックして、

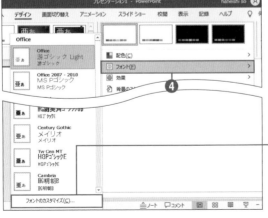

❹ <フォント>をクリックし、

❺ <フォントのカスタマイズ>をクリックします。

> **MEMO** もとに戻す
>
> 左の手順に従うと、標準設定のフォントが変更されます。もとに戻すには、左の画面で<Office>をクリックします。

6 フォントを指定し、

7 組み合わせの名前を入力して、

8 ＜保存＞をクリックします。

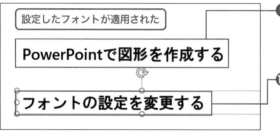

設定したフォントが適用された

PowerPointで図形を作成する

フォントの設定を変更する

9 すでに入力されている文字に標準設定のフォントが適用されていた場合は、フォントが変更されます。

10 新しい文字を入力すると、変更後のフォントが適用されます。

フォントの組み合わせを削除する

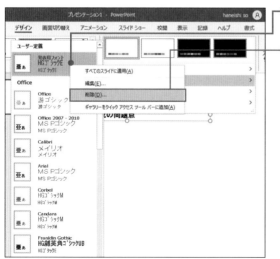

1 フォントの組み合わせの名前を右クリックし、

2 ＜削除＞をクリックします。

MEMO ほかのファイルで使用する

作成したフォントの組み合わせはPowerPointに保存されるので、ほかのファイルでも選択できます。不要な場合は、左ページの手順でフォントの組み合わせの一覧を表示します。＜ユーザー設定＞にあるフォントの組み合わせの名前を右クリックし、＜削除＞をクリックし、表示される画面で＜OK＞をクリックします。なお、もともとPowerPointに用意されているフォントの組み合わせを削除することはできません。

SECTION 005

作成前の準備

よく使う線と図形を「既定の図形」に登録しよう

PowerPointで図形を作成すると、青色の図形になります。複数の図形を作成し、青色以外の色で統一したい場合、図形ごとに色を設定していては手間がかかります。図形を描いたときに設定される色や線をあらかじめ設定しておくと効率的です。

第1章　作成前の準備
第2章
第3章
第4章
第5章

「既定の図形」を設定する

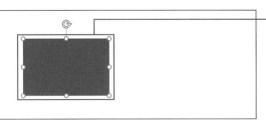

❶ PowerPoint で作成される図形の色や線の太さなどの設定は、あらかじめ決められています。

❷「既定の図形」に設定したい図形を右クリックし、

> **MEMO　既定の図形**
>
> 「既定の図形」とは、図形を作成するとき、色や線の太さなどの設定のもとになる図形のことです。

❸ <既定の図形に設定>をクリックすると、図形に設定されている色や線の太さが規定の設定として登録されます。

❹ 新しく図形を描くと、色や線の設定が、「既定の図形」の設定にもとづいて作成されます。

> **MEMO　ファイルごとに保存される**
>
> 既定の色や線の設定を変更した場合、変更内容はファイルごとに保存されます。新しいファイルのスライドに図形を描くと、もとの青色の図形が描かれます。

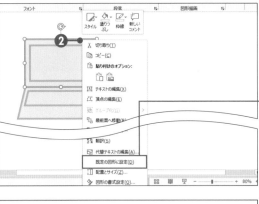

既定の設定で図形が作成された

第 2 章

基本図形の描き方

直線を描こう

直線は、よく使う図形の1つです。直線を描くには、<挿入>タブから直線ツールを選択し、スライド上をドラッグします。標準設定では、直線の色は青色、太さは0.5ptの直線になります。色や線の太さなどはあとから変更できます。

直線を描く

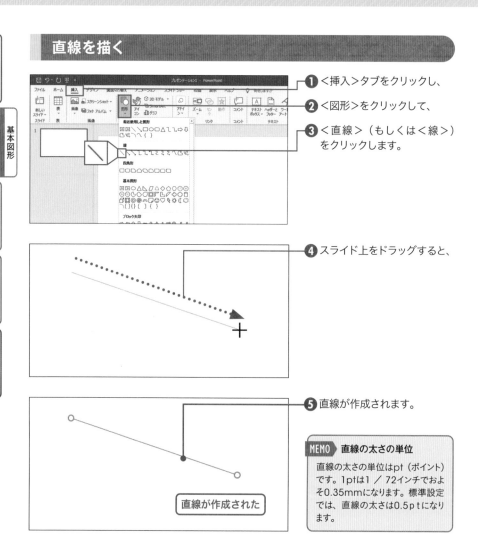

1 <挿入>タブをクリックし、

2 <図形>をクリックして、

3 <直線>（もしくは<線>）をクリックします。

4 スライド上をドラッグすると、

5 直線が作成されます。

直線が作成された

MEMO 直線の太さの単位

直線の太さの単位はpt（ポイント）です。1ptは1 / 72インチでおよそ0.35mmになります。標準設定では、直線の太さは0.5ptになります。

SECTION 007

基本図形

水平線や垂直線を描こう

直線ツールでスライド上をドラッグすると直線を作成できます。このとき、Shift キーを押しながら水平方向または垂直方向にドラッグすると、水平線または垂直線になります。斜めにドラッグすると45度の斜線になります。

水平線を描く

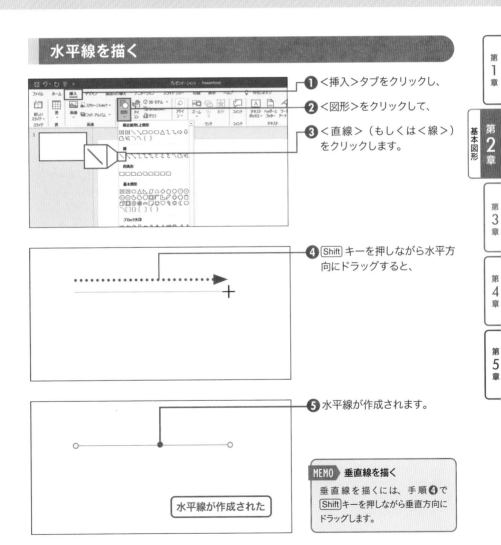

① <挿入>タブをクリックし、

② <図形>をクリックして、

③ <直線>（もしくは<線>）をクリックします。

④ Shift キーを押しながら水平方向にドラッグすると、

⑤ 水平線が作成されます。

水平線が作成された

MEMO 垂直線を描く

垂直線を描くには、手順④で Shift キーを押しながら垂直方向にドラッグします。

SECTION

008

基本図形

折れ線を描こう

折れ線を描くには、＜フリーフォーム：図形＞を使います。同ツールは、四角形や円形といった決まった形状の図形ではなく、自由な線を描くためのツールですが、図形の頂点をクリックしていくことで折れ線を描くことができます。

第1章

第2章　基本図形

第3章

第4章

第5章

折れ線を描く

❶ ＜挿入＞タブをクリックし、

❷ ＜図形＞をクリックして、

❸ ＜フリーフォーム：図形＞をクリックします。

MEMO 波線を描く

＜図形＞をクリックして＜曲線＞をクリックし、頂点をクリックしていくと、波線を描くことができます。

| 折れ線が作成された |

❹ 頂点をクリックしていき、

❺ Esc キーを押すと、

❻ 折れ線が作成されます。

MEMO 描画を終了する

フリーフォームツールの描画を終了するには、終点の位置でダブルクリックするか、Esc キーを押します。

✅ COLUMN

フリーフォームで図形を描く

＜フリーフォーム：図形＞は、自由な形を描くためのツールです。図形の頂点をクリックしていくと折れ線を、ドラッグするとドラッグの軌跡に沿った線を描くことができます。最後に始点をクリックすると、線がつながった図形になります。

SECTION

009

基本図形

直線の矢印を描こう

PowerPointで作成できる矢印には、先端が矢印になっている直線（線矢印）と矢印の形の図形（ブロック矢印）があります。ここでは線矢印を作成します。線矢印には、片方が矢印になっている「線矢印」と両端が矢印になっている「線矢印：二重」の2種類があります。

矢印を描く

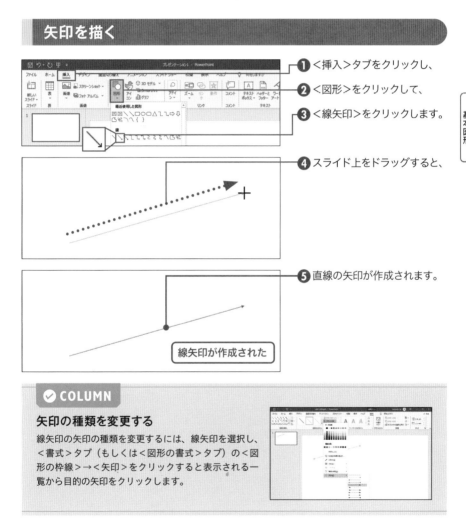

1 ＜挿入＞タブをクリックし、

2 ＜図形＞をクリックして、

3 ＜線矢印＞をクリックします。

4 スライド上をドラッグすると、

5 直線の矢印が作成されます。

線矢印が作成された

✓ COLUMN

矢印の種類を変更する

線矢印の矢印の種類を変更するには、線矢印を選択し、＜書式＞タブ（もしくは＜図形の書式＞タブ）の＜図形の枠線＞→＜矢印＞をクリックすると表示される一覧から目的の矢印をクリックします。

SECTION
010
基本図形

円弧を使った矢印を描こう

円弧を利用すると、直線や折れ線では表現できない緩やかな線を描くことができます。円弧の図形には「調整ハンドル」という黄色い丸印が表示されるので、これを使って線の長さを調整することがポイントです。ここでは、円弧を作成し、先端に矢印を設定します。

円弧を描く

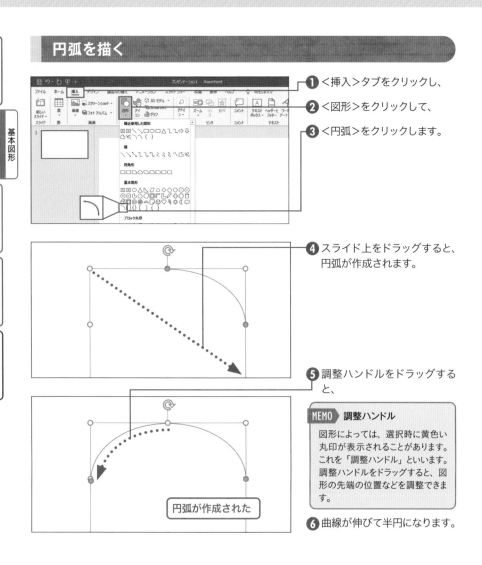

① <挿入>タブをクリックし、

② <図形>をクリックして、

③ <円弧>をクリックします。

④ スライド上をドラッグすると、円弧が作成されます。

⑤ 調整ハンドルをドラッグすると、

円弧が作成された

> **MEMO** 調整ハンドル
>
> 図形によっては、選択時に黄色い丸印が表示されることがあります。これを「調整ハンドル」といいます。調整ハンドルをドラッグすると、図形の先端の位置などを調整できます。

⑥ 曲線が伸びて半円になります。

円弧に矢印を設定する

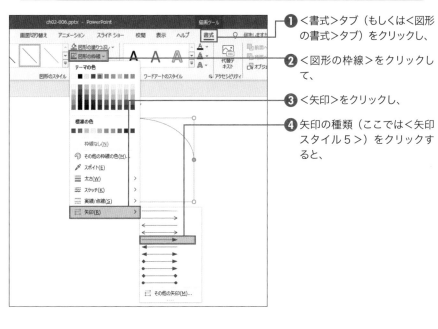

❶ <書式>タブ(もしくは<図形の書式>タブ)をクリックし、

❷ <図形の枠線>をクリックして、

❸ <矢印>をクリックし、

❹ 矢印の種類(ここでは<矢印スタイル5>)をクリックすると、

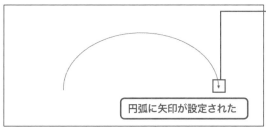

円弧に矢印が設定された

❺ 円弧に矢印が設定されます。

> **MEMO** 矢印のサイズや色を変更する
> 矢印の色やサイズは、線の太さや色を変更(Sec.015、017参照)すると自動的に調整されます。

✅ COLUMN

円弧を回転する

円弧を回転するには、回転ハンドルをドラッグします(Sec.029参照)。

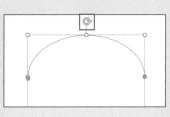

SECTION 011

基本図形

ブロック矢印を描こう

ブロック矢印は矢印の形の図形です。矢印の種類などは変更できませんが、線矢印に比べると大きくて目立つ矢印になります。ブロック矢印には、直線のほか曲線や折線、三方向、四方向など27種類あります。

ブロック矢印を描く

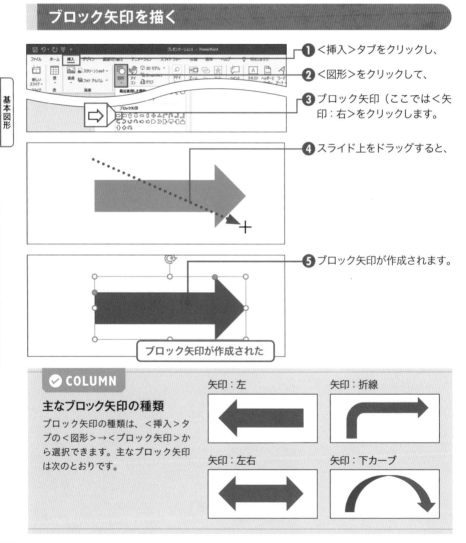

❶ ＜挿入＞タブをクリックし、

❷ ＜図形＞をクリックして、

❸ ブロック矢印（ここでは＜矢印：右＞をクリックします。

❹ スライド上をドラッグすると、

❺ ブロック矢印が作成されます。

ブロック矢印が作成された

✅ COLUMN

主なブロック矢印の種類

ブロック矢印の種類は、＜挿入＞タブの＜図形＞→＜ブロック矢印＞から選択できます。主なブロック矢印は次のとおりです。

矢印：左

矢印：折線

矢印：左右

矢印：下カーブ

SECTION

012

基本図形

円や四角形を描こう

円や四角形は、文字を強調したい場合や、アイコンを作る場合などによく使われます。円や四角形を描くには、<挿入>タブの<図形>をクリックし、<楕円>や<正方形／長方形>を選択して、スライド上をドラッグします。

楕円を描く

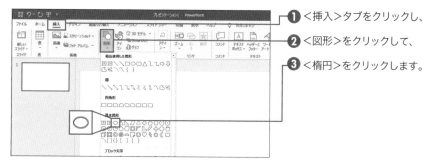

❶ <挿入>タブをクリックし、

❷ <図形>をクリックして、

❸ <楕円>をクリックします。

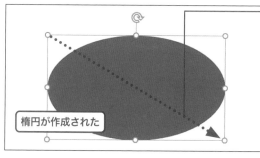

楕円が作成された

❹ スライド上をドラッグすると、

❺ 楕円が作成されます。

✅ COLUMN

四角形を描く

四角形を描くには、手順❸で目的の四角形を選択してスライド上をドラッグします。四角形には、<正方形／長方形>のほか、<平行四辺形>や<台形>、<四角形：角を丸くする>など9種類が用意されています。

SECTION 013

基本図形

さまざまな図形を描こう

PowerPointでは、円や四角形といった図形のほか、平行四辺形や星型など、たくさんの種類の図形を作成できます。すべての図形はドラッグ操作で描くことができ、ドラッグ中は完成形がプレビュー表示されるので、直感的に図形を描くことができます。

第1章

第2章 基本図形

第3章

第4章

第5章

星型を描く

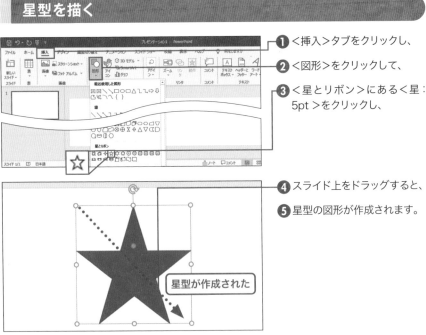

❶ <挿入>タブをクリックし、

❷ <図形>をクリックして、

❸ <星とリボン>にある<星：5pt >をクリックし、

❹ スライド上をドラッグすると、

❺ 星型の図形が作成されます。

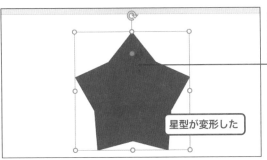

星型が作成された

❻ 調整ハンドルをドラッグすると、形状が変化します。

星型が変形した

MEMO　調整ハンドル

図形によっては、選択時に黄色い丸印が表示されることがあります。これを「調整ハンドル」といいます（Sec.030参照）。

PowerPointで作成できる主な図形

線

四角形

基本図形

ブロック矢印

数式図形

フローチャート

星とリボン

吹き出し

❶ <線>
線、線矢印、コネクタなど

❷ <四角形>
正方形／長方形、角を丸くした四角形、角を切り取った四角形など

❸ <基本図形>
楕円、二等辺三角形、台形など

❹ <ブロック矢印>
上下左右、折線、上下左右カーブなど

✅ COLUMN

その他の図形

数式図形

フローチャート

星とリボン

吹き出し

SECTION

014

基本図形

正円や正方形を描こう

正円や正方形を描くには、<楕円>または<正方形／長方形>を選択し、[Shift]キーを押しながらスライド上をドラッグします。[Shift]キーと[Ctrl]キーを押しながらドラッグすることで、図形の中心から正円や正方形を描くこともできます。

正円を描く

① <挿入>タブをクリックし、

② <図形>をクリックして、

③ <楕円>をクリックします。

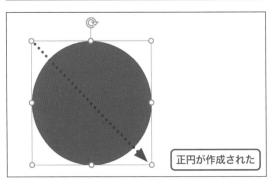

正円が作成された

④ [Shift]キーを押しながらスライド上をドラッグすると、正円が作成されます。

MEMO　図形の中心から描く

ドラッグして図形を描くとき、ドラッグの開始位置を起点に図形が描かれます。[Ctrl]キーを押しながらドラッグすると、図形の中心から描くことができます。

✅ COLUMN

正方形を描く

正方形を描くには、手順③で<正方形／長方形>を選択して、[Shift]キーを押しながらスライド上をドラッグします。

SECTION
015
線や色の変更

線の太さを変更しよう

図形の線の太さは、あとから変更できます。標準設定では、図形の線の太さは1ptに設定されていますが、スライドのデザインに合わせて変更しましょう。線の太さを数値で指定できるほか、線をなくすこともできます。

線の太さを変更する

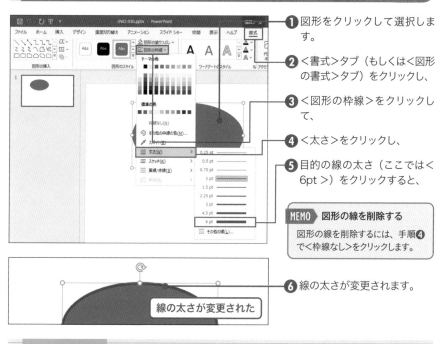

① 図形をクリックして選択します。

② <書式>タブ（もしくは<図形の書式>タブ）をクリックし、

③ <図形の枠線>をクリックして、

④ <太さ>をクリックし、

⑤ 目的の線の太さ（ここでは<6pt >）をクリックすると、

MEMO　図形の線を削除する
図形の線を削除するには、手順④で<枠線なし>をクリックします。

線の太さが変更された

⑥ 線の太さが変更されます。

✓ COLUMN

線の太さを数値で指定する
線の太さを数値で指定するには、手順⑥で<その他の線>をクリックします。画面右側に<図形の書式設定>作業ウィンドウ（Sec.024参照）が表示されるので、<幅>に目的の数値を入力します。

線の種類を変更しよう

PowerPointで線を描くと、標準設定では実線になります。破線や点線を描きたい場合は、
<図形の枠線>をクリックし、<実線／点線>をクリックすると表示される一覧から線の種
類を選択します。

線の種類を破線に変更する

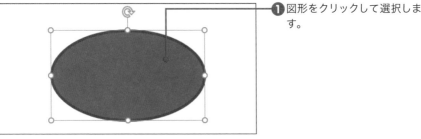

❶ 図形をクリックして選択しま
す。

❷ <書式>タブ（もしくは<図形
の書式>タブ）をクリックし、

❸ <図形の枠線>をクリックし
て、

❹ <実線／点線>をクリックし、

❺ 線の種類（ここでは<破線>）
をクリックします。

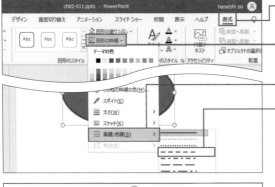

❻ 線の種類が変更されます。

線の種類が変更された

> **MEMO** その他の線を設定する
>
> 目的の線の種類が一覧にない場合
> は、<図形の書式設定>作業ウィン
> ドウから設定することもできます
> （Sec.024参照）。

SECTION 017

線や色の変更

線の色を変更しよう

線の色は、スライドのテーマに沿った色が設定されます。線を強調したい場合などには線の色を変更しましょう。線の色を変更するには、<図形の枠線>をクリックすると表示される一覧から目的の色を選択します。

線の色を変更する

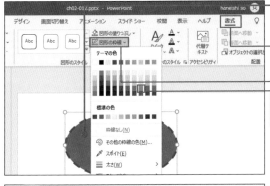

① 図形をクリックして選択します。

② <書式>（もしくは<図形の書式>タブ）タブをクリックし、

③ <図形の枠線>をクリックして、

④ 目的の色（ここでは<ゴールド、アクセント 4、黒＋基本色 25％>）をクリックします。

⑤ 線の色が変更されます。

線の色が変更された

✅ COLUMN

色名を確認する

<図形の枠線>や<図形の塗りつぶし>をクリックすると、選択可能な色の一覧が表示されます。本書では、手順④のように色をクリックして選択する際、目的の色にマウスポインターを合わせたときに表示される色名で表示しています。

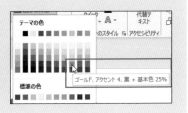

第1章

第2章 線や色の変更

第3章

第4章

第5章

図形の塗りつぶしの色を変更しよう

標準設定では、塗りつぶしの色は濃い青色（青、アクセント1）が設定されます。スライドの内容に合わせて色を変更しましょう。図形の色は、＜図形の塗りつぶし＞から設定できます。

図形の塗りつぶしの色を変更する

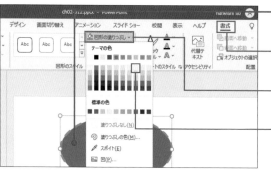

① 図形をクリックして選択します。

② ＜書式＞タブ（もしくは＜図形の書式＞タブ）をクリックし、

③ ＜図形の塗りつぶし＞をクリックして、

④ 目的の色（ここでは＜ゴールド、アクセント4、白＋基本色80％＞）をクリックすると、

> **MEMO** 塗りつぶしの色を透明にする
> 塗りつぶしの色を透明にするには、手順④で＜塗りつぶしなし＞をクリックします。

図形の色が変更された

⑤ 塗りつぶしの色が変更されます。

✅ COLUMN

オリジナルの色を設定する

＜図形の塗りつぶし＞や＜図形の枠線＞をクリックすると、選択可能な色の一覧が表示されます。目的の色がない場合は、＜塗りつぶしの色＞をクリックします。＜色の設定＞ダイアログボックスが表示されるので、＜ユーザー設定＞をクリックし、＜色＞の枠内をクリックして色を指定し、＜OK＞をクリックします。

SECTION 019

線や色の変更

色の透過度を変更しよう

通常、図形を重ねると、重なる部分は隠れます。しかし図形の透過度を変更すると、半透明のフィルムを重ねたように、重なる部分が透けて見えるようなります。ガラスやメタリックな質感を表現したい場合に便利です。

図形を半透明にする

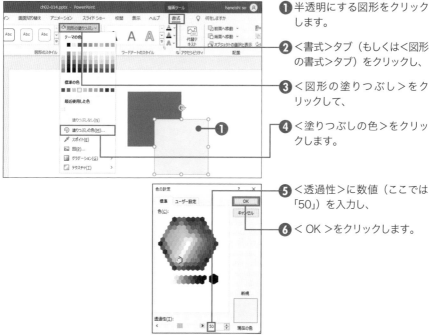

❶ 半透明にする図形をクリックします。

❷ <書式>タブ（もしくは<図形の書式>タブ）をクリックし、

❸ <図形の塗りつぶし>をクリックして、

❹ <塗りつぶしの色>をクリックします。

❺ <透過性>に数値（ここでは「50」）を入力し、

❻ < OK >をクリックします。

❼ 図形が半透明になります。

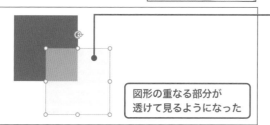

図形の重なる部分が
透けて見るようになった

MEMO　図形の透過度

図形の透過度は0 ～ 100の間で設定できます。このとき、「0」が通常の見え方です。「100」にすると図形が完全に透明になります。

第1章

第2章　線や色の変更

第3章

第4章

第5章

SECTION

020

線や色の変更

色のグラデーションを
変更しよう

「グラデーション」は、段階的に色が変化する塗り方のことで、スピード感やデータの変化を表現できます。また、立体感や質感を表現したい場合にも役立ちます。グラデーションは、<図形の塗りつぶし>から設定できます。

第1章
第2章 線や色の変更
第3章
第4章
第5章

図形にグラデーションを設定する

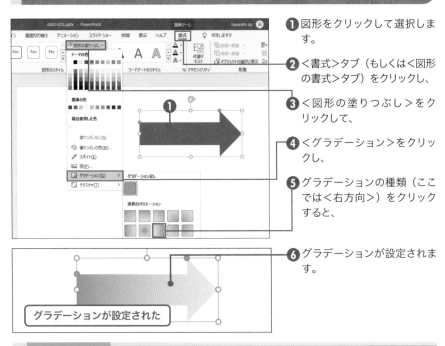

❶ 図形をクリックして選択します。

❷ <書式>タブ（もしくは<図形の書式>タブ）をクリックし、

❸ <図形の塗りつぶし>をクリックして、

❹ <グラデーション>をクリックし、

❺ グラデーションの種類（ここでは<右方向>）をクリックすると、

❻ グラデーションが設定されます。

グラデーションが設定された

✔ COLUMN

グラデーションの色を変更する

標準設定では、グラデーションはテーマに沿った色が設定されます。<図形の書式設定>作業ウィンドウを利用すると色を変更できます（Sec.024参照）。

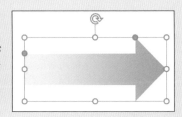

文字と吹き出し

SECTION
021
図形に文字を入力しよう

図形に文字を入力するには、図形を選択し、キーボードから目的の文字を直接入力します。標準設定では文字の色とサイズが決まっていますが、あとから変更できます。また、文字を入力するためのテキストボックスという図形もあります。

図形に文字を入力する

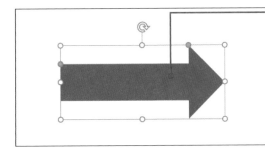

❶ 図形をクリックして選択します。

❷ キーボードから文字を入力します。ここでは「ACTION」と入力します。

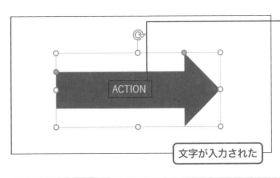

❸ 図形に文字が入力されます。

文字が入力された

> **MEMO　文字の色を変更する**
> 標準設定では、文字の色は白色（白、背景1）です。文字色は＜ホーム＞タブのボタンやミニツールバーで変更できます。

✓ COLUMN

テキストボックスとは

「テキストボックス」は、文字を入力するための図形です。テキストボックスを作るには、＜挿入＞タブの＜図形＞をクリックし、＜テキストボックス＞または＜縦書きテキストボックス＞を選択して、シート上をドラッグします。

株式会社〇〇〇
デザイン企画部
渡辺信一

第1章

第2章 文字と吹き出し

第3章

第4章

第5章

SECTION
022
文字と吹き出し

吹き出しを描こう

スライドにコメントや説明文を配置したい場合は、吹き出しを使います。先端部分でグラフや表などを指し示すと、コメントの対象を明確にすることができます。吹き出しは図形なので、四角形や円形と同様、塗りつぶしの色や枠線の太さなどを設定できます。

第1章

文字と吹き出し
第2章

第3章

第4章

第5章

吹き出しを描く

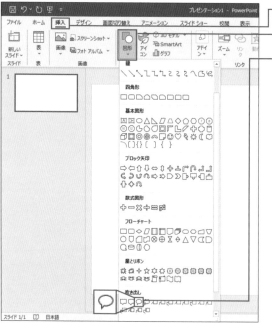

❶ <挿入>タブをクリックし、

❷ <図形>をクリックして、

❸ 吹き出しの種類（ここでは <吹き出し：円形>）をクリックします。

> **MEMO　吹き出しを使い分ける**
>
> 吹き出しの形状には、円形、四角形、角丸四角形などの種類があります。円形は見栄えしますが、円の大きさによって1行の長さが変化するため、文章が読みにくくなることがあります。四角形と角丸四角形は文章が見やすくなりますが、先端部分が不格好になりがちです。それぞれの性質を知って使い分けましょう。

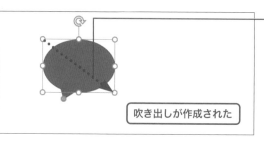

吹き出しが作成された

❹ スライド上をドラッグすると、

❺ 吹き出しが作成されます。

吹き出しのサイズと先端部分の位置を調整する

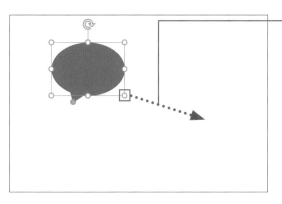

❶ サイズ変更ハンドルをドラッグすると、

MEMO 先端部分を調整する

四角形の吹き出しでは、先端部分の位置によっては形が不格好になってしまうことがあります。先端部分の幅は、辺の長さに応じて変化します。また、辺の中央を境に先端の三角形の出る位置が変化します。これらの点を頭に入れて先端の位置を調整しましょう。

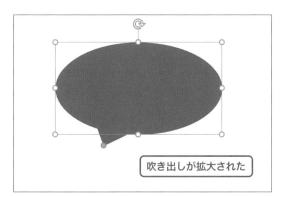

吹き出しが拡大された

❷ 吹き出しのサイズが変更されます。

MEMO 調整ハンドル

図形によっては、選択時に黄色い丸印が表示されることがあります。これを「調整ハンドル」といいます。調整ハンドルをドラッグすると、図形の先端の位置などを調整できます。

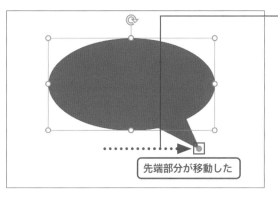

先端部分が移動した

❸ 調整ハンドルをドラッグすると、

❹ 吹き出しの先端部分の位置を調整できます。

文字の書式を変更しよう

標準設定では、図形に入力した文字の色は白色、サイズは18ptに設定されます。強調したい文字を大きくするなど、文字の色やサイズを変更してスライドの内容をわかりやすくしましょう。文字の書式は、＜ホーム＞タブやミニツールバーから設定できます。

第1章

第2章
文字と吹き出し

第3章

第4章

第5章

文字の色を設定する

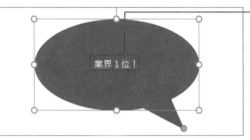

1 図形（ここでは吹き出し）に文字を入力します（Sec.021参照）。

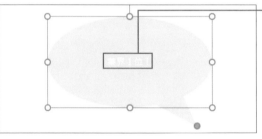

2 図形の色を変更（Sec.018参照）したところ、文字が見づらくなりました。

> **MEMO** 図形を選択して書式を変更する
>
> ここでは図形の中の文字を選択していますが、図形そのものを選択して書式を変更することもできます。この場合、図形の中のすべての文字の書式がまとめて変更されます。

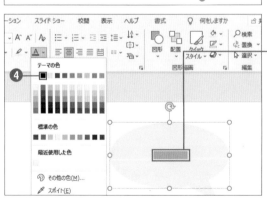

3 図形内の文字をドラッグして選択します。

4 ＜ホーム＞タブにある＜フォントの色＞で文字の色（ここでは＜黒、テキスト1＞）をクリックすると、

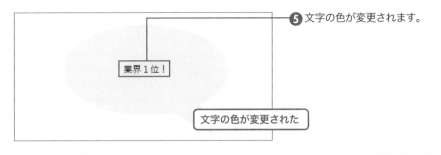
⑤ 文字の色が変更されます。

文字の色が変更された

文字のサイズを設定する

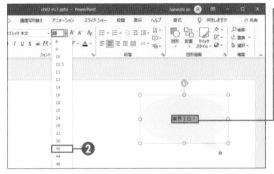

❶ 図形内の文字をドラッグして選択します。

❷ <ホーム>タブにある<フォントサイズ>で文字のサイズ（ここでは<40>）を選択すると、

❸ 文字のサイズが変更されます。

文字のサイズが変更された

✓ COLUMN

ミニツールバーを使う

文字を選択するか右クリックすると、選択した部分の近くにミニツールバーが表示されます。ミニツールバーでは、文字のサイズやフォントの種類、色など、よく使う書式を変更できます。

図形の書式を細かく設定しよう

図形の色や線の太さ、矢印の種類など、よく利用する図形の書式は、図形を選択すると表示される＜書式＞タブから設定できます。ボタンやメニューから設定できるため手軽ですが、より詳細に設定したい場合は＜図形の書式設定＞作業ウィンドウを利用します。

＜図形の書式設定＞作業ウィンドウを表示する

1 図形を右クリックし、

2 ＜図形の書式設定＞をクリックすると、

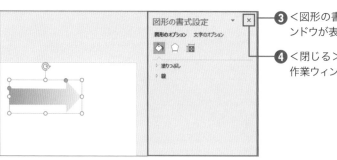

3 ＜図形の書式設定＞作業ウィンドウが表示されます。

4 ＜閉じる＞をクリックすると作業ウィンドウが閉じます。

図形のオプション	◇	＜塗りつぶしと線＞	図形の塗りつぶしの色や線の太さなどを設定できます。
	○	＜効果＞	図形の影や立体効果などについて設定できます。
	回	＜サイズとプロパティ＞	図形のサイズや選択の可否などについて設定できます。
文字のオプション	A	＜文字の塗りつぶしと輪郭＞	文字の塗りつぶしの色や輪郭線の太さなどを設定できます。
	A	＜文字の効果＞	文字の影や立体効果などについて設定できます。
	A≣	＜テキストボックス＞	テキストボックスの文字の向きや余白などについて設定できます。

グラデーションの色を変更する

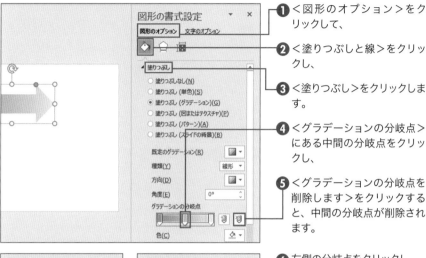

❶ ＜図形のオプション＞をクリックして、

❷ ＜塗りつぶしと線＞をクリックし、

❸ ＜塗りつぶし＞をクリックします。

❹ ＜グラデーションの分岐点＞にある中間の分岐点をクリックし、

❺ ＜グラデーションの分岐点を削除します＞をクリックすると、中間の分岐点が削除されます。

❻ 左側の分岐点をクリックし、

❼ ＜色＞で＜黄＞を選択します。

❽ 同様の手順で右側の分岐点に＜緑＞を指定すると、

❾ グラデーションの色が変更されます。

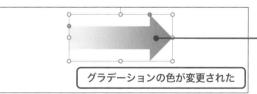

グラデーションの色が変更された

SECTION

025

書式とスタイル

線や図形のスタイルを変更しよう

色や線の太さ、影の設定など、複数の書式を組み合わせたものを「スタイル」といいます。PowerPointにはたくさんのスタイルが用意されているので、スタイルを利用すると、統一感のある図形をすぐに作成できます。

図形のスタイルを変更する

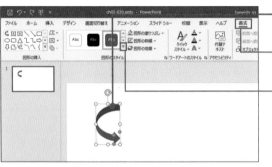

① 図形をクリックして選択します。

② <書式>タブ（もしくは<図形の書式>タブ）をクリックし、

③ <図形のスタイル>にある⊡をクリックします。

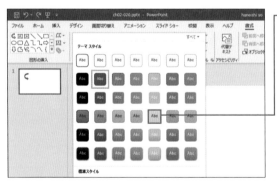

④ スタイル（ここでは<パステル - ゴールド、アクセント4 >）をクリックします。

MEMO スタイルをもとに戻す

図形のスタイルを標準設定に戻すには、手順④で塗りつぶし-青、アクセント1>を選択します。

⑤ 図形のスタイルが変更されます。

スタイルが変更された

図形を拡大／縮小しよう

図形はいつでも拡大／縮小できるので、ほかの図形に合わせてサイズを調整しましょう。図形を拡大／縮小するには、図形を選択すると図形の周囲に表示される白い丸のサイズ変更ハンドルをドラッグします。

図形を拡大する

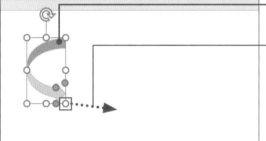

① 図形をクリックして選択します。

② 図形のサイズ変更ハンドルを外側方向にドラッグすると、

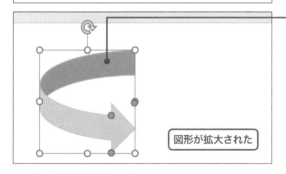

③ 図形が拡大されます。

図形が拡大された

MEMO　図形を拡大／縮小する

図形を選択すると、周囲にサイズ変更ハンドル（白い丸印）が表示されます。これを外側方向へドラッグすると拡大、内側方向へドラッグすると縮小します。

✓ COLUMN

縦横比を保持したまま拡大／縮小する

Shift キーを押しながらサイズ変更ハンドルを外側または内側方向へドラッグすると、図形の縦横比を保持したまま拡大／縮小できます。

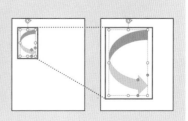

SECTION 027

図形の操作

図形をコピーしよう

同じ図形を繰り返し使いたい場合は、コピー/貼り付けの機能を利用すると、同じ図形を繰り返し作成する手間を省くことができます。図形のコピーと貼り付けは、<ホーム>タブのボタンやドラッグ操作で実行できます。

第1章

第2章 図形の操作

第3章

第4章

第5章

図形をコピーして貼り付ける

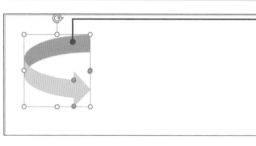

❶ 図形をクリックして選択します。

MEMO　ドラッグしてコピーする

図形は、ドラッグ操作でコピーすることもできます（Sec.129参照）。同じスライド内で図形をコピーしたい場合はドラッグ操作、ほかのスライドにコピーしたい場合は、ボタン操作といったように使い分けましょう。

❷ <ホーム>タブをクリックし、

❸ <コピー>をクリックします。

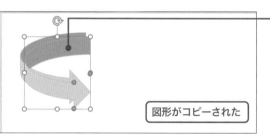

❹ <貼り付け>をクリックします。

❺ コピーした図形が貼り付けられます。

図形がコピーされた

MEMO　ショートカットキーを使う

コピーは Ctrl + C キー、貼り付けは Ctrl + V キーを押しても実行できます。

SECTION

028

図形の操作

図形を移動しよう

PowerPointでは、複数の図形を組み合わせてイラストを作成します。図形はいつでも移動できるので、はじめから完成形をイメージした位置に図形を描く必要はありません。まずは部品になる図形を作り、あとから位置を調整できます。

図形を移動する

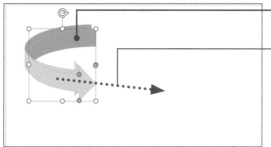

1 図形をクリックして選択します。

2 目的の位置までドラッグすると、

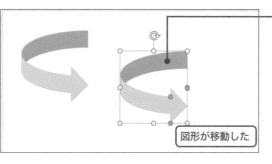

3 図形が移動します。

図形が移動した

> **MEMO　カーソルキーで移動する**
> 図形は、図形を選択した状態でキーボードの ↑ ↓ ← → キーを押しても移動できます。図形を大きく動かしたい場合はドラッグ操作、細かく動かしたい場合はカーソルキーといったように使い分けます。

✓ COLUMN

図形を水平／垂直方向へ移動する

図形を水平／垂直方向へ移動するには、Shift キーを押しながらドラッグします。また、スライドにグリッド線を表示すると（Sec.126参照）、水平／垂直に引かれたグリッド線に沿うように図形を移動できます。

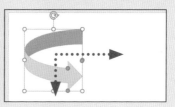

第1章

図形の操作　第2章

第3章

第4章

第5章

SECTION

029

図形の操作

図形を回転しよう

PowerPointでは、図形を回転させることもできます。斜めに傾いた図形を作成したい場合などには、はじめから傾いた図形を描くよりも、水平や垂直方向に描いた図形を回転させたほうがきれいに仕上がります。

図形を回転する

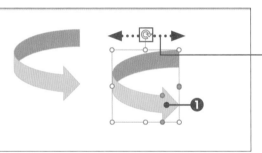

❶ 図形をクリックして選択します。

❷ 回転ハンドルを左右にドラッグすると、

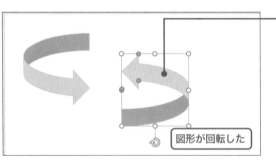

図形が回転した

❸ ドラッグした方向に図形が回転します。

> **MEMO　15度単位で回転する**
> Shift キーを押しながら回転ハンドルをドラッグすると、15度単位で図形を回転できます。

✅ COLUMN

図形の上下／左右を反転する

図形を上下／左右に反転するには、図形を選択し、＜書式＞タブの（もしくは＜図形の書式＞タブ）＜回転＞をクリックして、＜上下反転＞または＜左右反転＞をクリックします。また、＜右へ90度回転＞や＜左へ90度回転＞をクリックして、90度回転することもできます。

図形を変形しよう

図形を選択すると、黄色い丸の調整ハンドルが表示されることがあります。図形によっては複数表示されることもあり、これらをドラッグすると、図形を変形できます。変形したい形に応じて調整ハンドルをドラッグしてみましょう。

図形を変形する

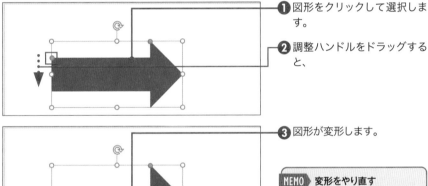

❶ 図形をクリックして選択します。

❷ 調整ハンドルをドラッグすると、

❸ 図形が変形します。

MEMO　**変形をやり直す**

変形をやり直したい場合は、もとに戻してから操作をやり直します（Sec.037参照）。

図形が変形した

✓ COLUMN

図形のハンドル

図形を選択すると、図形の周囲や内部にハンドルが表示されます。ハンドルの種類は次のとおりです。

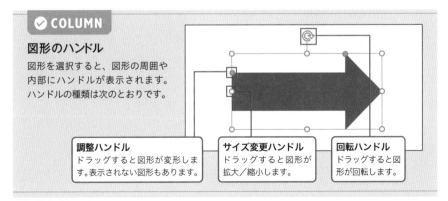

調整ハンドル
ドラッグすると図形が変形します。表示されない図形もあります。

サイズ変更ハンドル
ドラッグすると図形が拡大／縮小します。

回転ハンドル
ドラッグすると図形が回転します。

図形をグループ化しよう

図形の「グループ化」とは、複数の図形を1つの図形としてまとめて扱うことです。複数の図形をグループ化すると、まとめて移動したり、色を設定したりできます。作業に応じて、グループに含まれる特定の図形だけを編集することもできます。

複数の図形をグループ化する

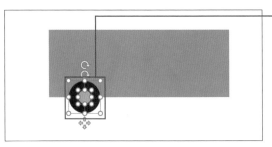

❶ グループ化する図形を [Shift] キーを押しながらすべてクリックします。

> **MEMO　複数の図形を選択する**
> 複数の図形を選択するには、[Shift] キーを押しながら図形をクリックします。

❷ <書式>タブ（もしくは<図形の書式>タブ）をクリックし、

❸ <グループ化>をクリックして、

❹ <グループ化>をクリックすると、

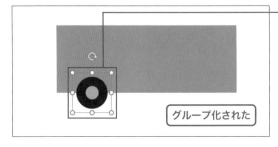

❺ 図形が1つのグループにまとめられ、1つの枠で囲まれます。

グループ化された

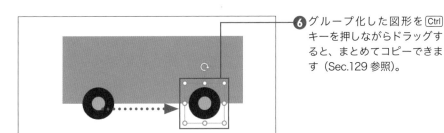

⑥ グループ化した図形を Ctrl キーを押しながらドラッグすると、まとめてコピーできます（Sec.129 参照）。

グループを解除する

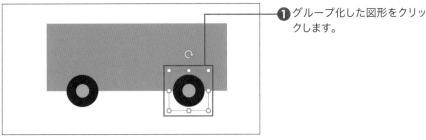

❶ グループ化した図形をクリックします。

❷ <書式>タブ（もしくは<図形の書式>タブ）をクリックし、

❸ <グループ化>をクリックして、

❹ <グループ解除>をクリックすると、

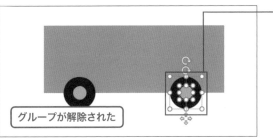

グループが解除された

❺ グループが解除され、図形ごとに枠が表示されます。

MEMO ショートカットキーを使う

グループ化は Ctrl + G キー、グループ化の解除は Ctrl + Shift + G キーを押しても実行できます。

SECTION 032

図形の操作

グループ化した場合の拡大／縮小の違いを確認しよう

PowerPointでは、図形を選択してサイズ変更ハンドルをドラッグすると、図形を拡大／縮小できます（Sec.026参照）。複数の図形を選択するとまとめて拡大／縮小できますが、グループ化されているかどうかで編集結果が異なるので注意が必要です。

グループ化による拡大／縮小の違い

もとの図形

グループ化している場合

グループ化していない場合

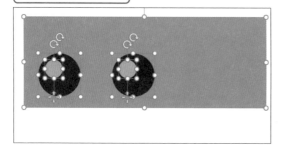

MEMO グループ化した図形を拡大する

グループ化した図形は、1つの図形として扱うことができます。そのため、グループのサイズ変更ハンドルをドラッグすると、グループに含まれるすべての図形が拡大します。

❶ 複数の図形をグループ化して拡大すると、1つの図形として拡大されます。

MEMO グループ内の図形を編集する

グループは1つの図形として扱われるため、編集の結果がグループに含まれるすべての図形に反映されます。ただし、グループ内の特定の図形をダブルクリックリックすると、その図形だけを編集できます。

❷ 複数の図形をグループ化しないで拡大すると、それぞれの図形が個別に拡大されます。

SECTION 033

図形の操作

図形の重なり順を変更しよう

図形を重ねると、新しく作成した図形が先に作った図形に重なります。図形が重なると、下にある図形の重なっている部分は見えなくなってしまいます。見せたい部分が隠れている場合は、図形の重なり順を変更します。

図形の重なり順を変更して隠れていた部分を表示する

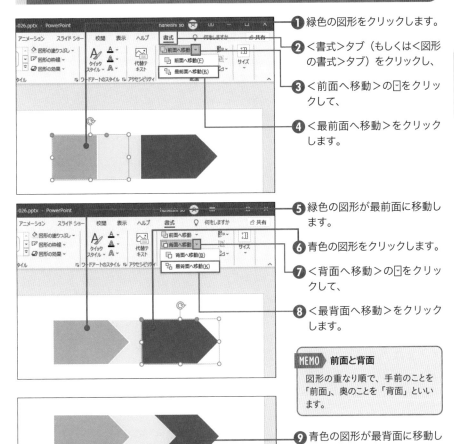

❶ 緑色の図形をクリックします。

❷ <書式>タブ（もしくは<図形の書式>タブ）をクリックし、

❸ <前面へ移動>の□をクリックして、

❹ <最前面へ移動>をクリックします。

❺ 緑色の図形が最前面に移動します。

❻ 青色の図形をクリックします。

❼ <背面へ移動>の□をクリックして、

❽ <最背面へ移動>をクリックします。

MEMO 前面と背面

図形の重なり順で、手前のことを「前面」、奥のことを「背面」といいます。

❾ 青色の図形が最背面に移動します。

図形の位置を揃えよう

PowerPointでは、図形を移動すると表示される赤い破線（スマートガイド）を目安にして、ほかの図形と位置や間隔を揃えることができます。WordやExcelには備わっていない機能で、図形を編集する機会の多いPowerPointならではの機能といえます。

スマートガイドで図形を上端に揃える

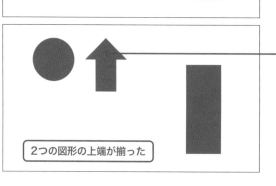

❶ 位置を揃えたい図形をクリックして選択します。

MEMO　**左端や右端、下端に揃える**

ここでは、図形の上端を揃えました。同様の手順で、図形の左端や右端、下端に揃えることもできます。

❷ 上方向へドラッグすると、

❸ 左に配置されている円形と上端が揃う位置にスマートガイドが表示されます。

❹ スマートガイドが表示される位置でマウスのボタンから指を離すと、左右の図形の上端が揃います。

MEMO　**スマートガイドで中心に揃える**

スマートガイドを使って図形の中心を揃えるには、図形を重ねると中心に表示されるスマートガイドに図形を合わせます。

2つの図形の上端が揃った

複数の図形をまとめて上端に揃える

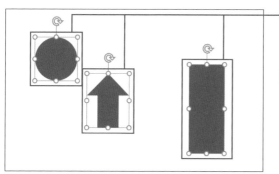

① Shift キーを押しながら図形を
クリックし、複数の図形を選
択します。

MEMO 位置をまとめて揃える

スマートガイドは、図形の位置を
視覚的に確認しながらに操作でき
るため便利ですが、複数の図形を
まとめて揃えたい場合は、<配置>
をクリックすると表示されるメニュー
を利用すると効率的です。

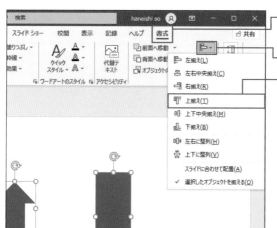

② <書式>タブ（もしくは<図形
の書式>タブ）をクリックし、

③ <配置>をクリックして、

④ <上揃え>をクリックすると、

3つの図形の上端が揃った

⑤ 選択した図形の上端が揃いま
す。

MEMO メニューから中心に揃える

複数の図形の中心をまとめて揃え
るには、<配置>をクリックすると
表示されるメニューから<左右中
央揃え>または<上下中央揃え>
をクリックします。

SECTION
035
図形の操作

図形の間隔を揃えよう

Sec.034では、図形を右端や上端で揃える方法について解説しました。ここでは、複数の図形を等間隔に並べる方法について解説します。位置を揃える操作と同様、スマートガイドを利用すると直感的に揃えることができます。

第1章
第2章 図形の操作
第3章
第4章
第5章

スマートガイドで図形を等間隔に並べる

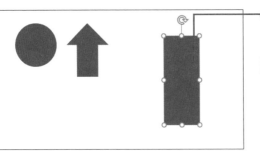

❶ 間隔を揃えたい図形をクリックして選択します。

MEMO **スマートガイドを非表示にする**

スマートガイドを非表示にしたい場合は、スライド上を右クリックし、<グリッドとガイド>をクリックします。<グリッドとガイド>ダイアログボックスが表示されるので、<図形の整列時にスマートガイドを表示する>をオフにします。

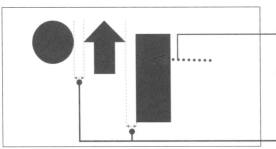

❷ ドラッグしてほかの図形に近づけると、

❸ 間隔が揃う位置にスマートガイドが表示されます。

図形の間隔が揃った

❹ 間隔が揃う位置でマウスのボタンから指を離すと、図形どうしの間隔が揃います。

複数の図形をまとめて等間隔に並べる

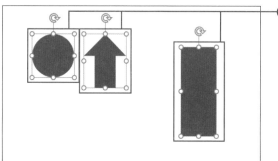

① Shift キーを押しながら図形を クリックし、複数の図形を選 択します。

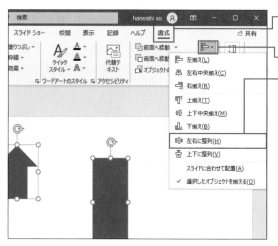

② <書式>タブ（もしくは<図形 の書式>タブ）をクリックし、

③ <配置>をクリックして、

④ <左右に整列>をクリックす ると、

⑤ 選択した図形が等間隔に並び ます。

3つの図形の間隔が揃った

MEMO 間隔をまとめて揃える

図形の間隔は、<配置>メニュー からも設定できます。このとき、選 択した図形の範囲内で等間隔に並 びます。左の例の場合、真ん中の 矢印が、円形および長方形と等間 隔に並ぶように移動します。円形と 矢印の間隔に長方形を揃えたい場 合は、スマートガイドを使って長方 形を移動する必要があります。目 的に応じて、スマートガイドと<配 置>メニューを使い分けましょう。

画面を拡大／縮小しよう

PowerPointは画面の表示倍率を変更できるので、図形の細かい部分を編集したい場合は画面を拡大表示、全体像を把握したい場合は縮小表示すると効率的です。表示倍率は、画面下部のスライダーから変更できるほか、数値で指定することもできます。

画面を拡大表示する

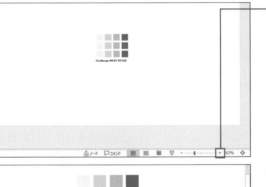

❶ 画面右下の＜＋＞を数回クリックします。＜ズームスライダー＞をドラッグしても表示倍率を変更できます。

> **MEMO　画面を縮小表示する**
> 画面を縮小表示するには、画面右下の＜ー＞をクリックします。

❷ 画面が段階的に拡大表示されます。

画面が拡大された

> **MEMO　マウス操作で拡大／縮小表示する**
> Ctrl キーを押しながらマウスのホイールを回転することでも、画面を拡大／縮小表示できます。

✔ COLUMN

表示倍率を数値で指定する

表示倍率を数値で指定するには、画面右下の表示倍率が表示されている数値の部分をクリックします。＜ズーム＞ウィンドウが表示されるので、＜指定＞の右隣にあるボックスに目的の数値を入力し、＜OK＞をクリックします。

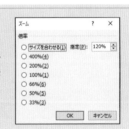

SECTION

037

PowerPointの操作

「元に戻す」「やり直し」を 活用しよう

PowerPointで作業を続けていると、「図形を誤って動かしてしまった」「色を変更したけど もとに戻したい」といったことが起こります。これらの場合、操作を取り消すことができます。 また、取り消した操作を取り消してやり直すこともできます。

操作を取り消す

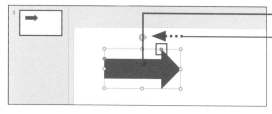

❶ 図形をクリックして選択し、

❷ 調整ハンドルをドラッグすると、

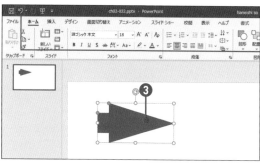

❸ 図形が変形します（Sec.030 参照）。

❹ クイックアクセスツールバー にある＜元に戻す＞をクリッ クすると、

> **MEMO　ショートカットキーを使う**
>
> ＜元に戻す＞＜やり直し＞はショー トカットキーが用意されています。
> 元に戻す：Ctrl + Z キー
> やり直し：Ctrl + Y キー

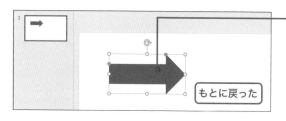

もとに戻った

❺ 変形の操作が取り消されても とに戻ります。

> **MEMO　操作をやり直す**
>
> 取り消しの操作を取り消してやり直 すには、クイックアクセスツールバー の＜やり直し＞をクリックします。
>
>

第 1 章

PowerPointの操作　第 2 章

第 3 章

第 4 章

第 5 章

SECTION
038

図形の削除

図形を削除しよう

不要な図形は削除しましょう。図形を削除するには、図形を選択し、Deleteキーを押します。複数の図形をまとめて削除したい場合は、Shiftキーを押しながら削除したい図形をすべてクリックして選択し、Deleteキーを押します。

第1章

第2章　図形の削除

第3章

第4章

第5章

図形を削除する

❶ 削除したい図形をクリックして選択します。

❷ Delete キーを押すと、

❸ 図形が削除されます。

図形が削除された

MEMO　削除を取り消す

不意の操作で図形を削除してしまった場合は、Ctrl+Zキーを押すと、削除の操作を取り消してもとに戻すことができます。

✓ COLUMN

写真の一部を削除する

スライドには写真を配置することがあります。このとき、PowerPointでは、写真の不要な部分を削除したり（Sec.117参照）、円形に切り抜いたりする（Sec.118参照）ことができます。

第 3 章

基本図形を使った
イラストの作成

SECTION

039

イラスト

図形を組み合わせてイラストを作ろう

PowerPointにはたくさんの図形が用意されていますが、スライドで使いたい図形が用意されているとは限りません。しかし、いちいち作成しては手間がかかります。あらかじめ用意されている図形を活用し、オリジナルの図形を作成しましょう。

図形を組み合わせる

❶ <挿入>タブの<図形>をクリックすると表示される一覧から、

MEMO オリジナルの図形を作成する

プレゼンテーションでは、図や表の利用が必須です。PowerPointでは、コピーやスマートガイドを利用することで、オリジナルの図形を効率よく作成できます。

❷ 図形を作成し、

❸ 組み合わせると、オリジナルの図形を作成できます。

本章で作成する図形

プロセスの構造化

効果を設定する

MEMO PowerPointの作図機能を知ろう

PowerPointでは、図形に影や光沢感を設定して立体感を与えたり、複数の図形を結合して新しい図形を作ったりすることができます。また、ドラッグ操作で直感的に図形どうしの位置や間隔を揃えるスマートガイド機能も備わっています。グラフィックソフトほどの機能は備えていませんが、スライドで使用する図形を作成するには十分といえます。

複数の図形を結合する

立体を作成する

図形を組み合わせる

よく使う図形を作成する

✅ **COLUMN**

頂点を編集する

PowerPointの図形は、頂点と頂点を結ぶ線分から構成されています。あらかじめ用意されている四角形や円形も、頂点を編集することでさまざまな形に変形できます。頂点の編集については、本章のほか、第9章でも解説しているので参照してください。

頂点を編集してシルエットイラストを作ろう

PowerPointの図形は、「頂点」と、頂点どうしを結ぶ「線分」から構成されています。本来、頂点と線分は透明ですが、頂点で囲まれた領域を塗りつぶし、線分に色と太さを設定することで視覚化されるしくみです。頂点を編集すると、図形を任意の形に変形できます。

第1章

第2章

第3章 イラスト

第4章

第5章

頂点を表示する

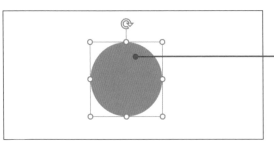

❶ 正円を作成し、色を変更しています。

❷ 正円をクリックして選択します。

❸ ＜書式＞タブ（もしくは＜図形の書式＞タブ）の＜図形の編集＞をクリックし、

❹ ＜頂点の編集＞をクリックすると、

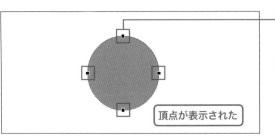

頂点が表示された

❺ 図形の頂点が表示されます。

MEMO　**頂点を表示する**

頂点は図形を構成する要素ですが、本来は見えません。図形を選択し、ここでの手順に従うと、表示して編集できるようになります。

頂点を編集してしずく型の図形を作成する

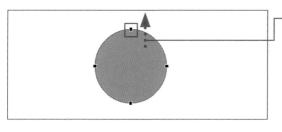

❶ 頂点を上方向へドラッグする
と、

> **MEMO** 頂点を編集する
>
> 頂点をクリックして選択すると、頂点から伸びるハンドルが表示されます。ハンドルをドラッグすると、ハンドルの長さと方向に応じて線分が変化し、図形の形も変化します（Sec.112参照）。

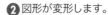

❷ 図形が変形します。

❸ ハンドルを頂点に向けてドラッグすると、

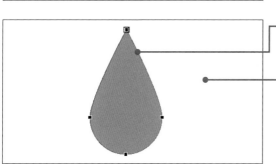

❹ 曲線が直線に変化します。このとき、もう一方のハンドルも連動します。

❺ 図形以外の部分をクリックすると、

❻ 頂点の編集が終了します。

しずく型の図形ができた

> **MEMO** 頂点を追加・削除する
>
> 頂点を表示し、線分上をクリックすると頂点を追加できます。また、Ctrl キーを押しながら頂点をクリックすると、頂点を削除できます（Sec.111参照）。

フリーフォームでシルエットを描く

①<挿入>タブをクリックし、

②<図形>をクリックして、

③<フリーフォーム：図形>をクリックします。

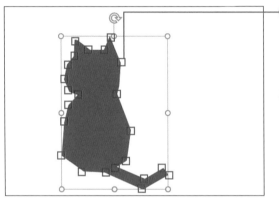

④シルエットの頂点をクリックしていき、図形を作成します。

> **MEMO** フリーフォームで作成する
>
> <フリーフォーム：図形>を使って図形を作成するには、図形の頂点をクリックしていき、最後に始点をクリックします。このとき、形はおおよそのものでかまいません。作成後、頂点を編集して修正します。

⑤<書式>タブ（もしくは<図形の書式>タブ）の<図形の編集>をクリックし、

⑥<頂点の編集>をクリックすると、

⑦図形の頂点が表示されます。

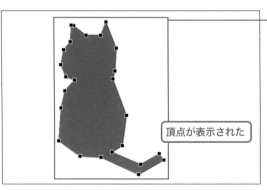

頂点が表示された

頂点を編集して直線を曲線に変更する

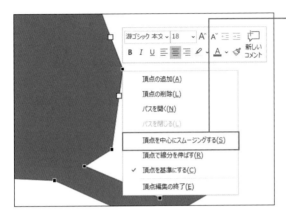

❶ 頂点を右クリックし、

❷ <頂点を中心にスムージング
する>をクリックすると、

MEMO **頂点をスムージングする**

スムージングとは、直線を曲線に
変更することです(Sec.111参照)。
頂点をスムージングすることで、頂
点から伸びる線分が曲線に変化し、
図形が丸みを帯びた柔らかい印象
になります。

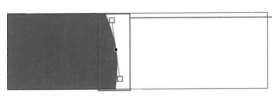

❸ 直線が曲線に変化します。

❹ 手順を繰り返し、図形に丸み
を与えます。

❺ 図形以外の場所をクリックし、
頂点の編集を完了します。

MEMO **画面を拡大表示する**

図形の細かい部分を編集するとき
は、画面を拡大表示すると作業し
やすくなります。画面の表示倍率は、
画面右下のスライダーから変更で
きます(Sec.036参照)。

シルエットが作成された

SECTION 041 イラスト

平面的な図形を立体的なイラストにしよう

PowerPointで作成した図形をそのまま配置すると、平面的で地味な印象になります。図形に立体感を与え、見栄えのするスライドを作成しましょう。PowerPointでは、図形に影やぼかし、光彩を設定して、高さや厚み、奥行きといった立体感を表現できます。

図形に効果を設定する

❶ 図形をクリックして選択します。

プロセスの構造化

> **MEMO　図形の効果を設定する**
> 効果とは、影やぼかしなどを加えることで、図形に立体感や光沢感を与える特別な書式のことです。

❷ <書式>タブ（もしくは<図形の書式>タブ）をクリックし、

❸ <図形の効果>をクリックして、

❹ 効果の種類（ここでは<標準スタイル>）をクリックして、

❺ 設定したい効果（ここでは<標準スタイル3>）をクリックすると、

❻ 図形に効果が設定されます。

プロセスの構造化

図形が立体的になった

> **MEMO　図形の効果を削除する**
> 図形の効果を削除するには、効果が設定されている図形を選択し、手順❺で<標準スタイルなし>や<影なし>などをクリックします。

主な図形の効果

PowerPoint にはたくさんの効果が用意されています。主な効果は次のとおりです。すべて
＜書式＞タブ（もしくは＜図形の書式＞タブ）の＜図形の効果＞をクリックすると表示される一
覧から設定できます。また、複数の効果を組み合わせることもできます。

標準スタイル-標準スタイル1

プロセスの構造化

標準スタイル-標準スタイル8

プロセスの構造化

影-オフセット：右

プロセスの構造化

影-透視投影：左下

プロセスの構造化

反射-反射（弱）：4ptオフセット

プロセスの構造化

光彩-光彩：8pt；青、アクセントカラー1

プロセスの構造化

ぼかし-10ポイント

プロセスの構造化

面取り-丸

プロセスの構造化

面取り-角度

プロセスの構造化

面取り-角度 ＋ 影-透視投影：下

プロセスの構造化

SECTION
042
イラスト

複数の画像を型抜き
合成してイラストを作ろう

PowerPointでは、複数の図形を合体させたり、切り抜いたりして結合することで、四角形や円形だけでは表現が難しい図形を作ることができます。なお、図形を結合するともとに戻すのは困難です。結合前の図形を別のスライドなどに保存しておくと安心です。

第1章

第2章

第3章　イラスト

第4章

第5章

図形を接合する

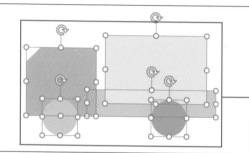

❶ 複数の図形を組み合わせてイラストを作成します。ここでは、わかりやすくするために図形ごとに色を変更しています。

❷ 接合する複数の図形を選択します。

❸ ＜書式＞タブ（もしくは＜図形の書式＞タブ）の＜図形の結合＞をクリックし、

❹ 結合方法（ここでは＜接合＞）をクリックすると、

MEMO　接合

「接合」は、複数の図形を合体させる結合方法です。色が異なる図形を接合する場合、もともと最前面にある図形の色が設定されます。

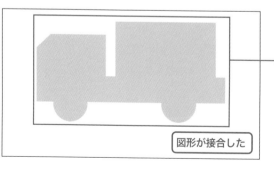

❺ 図形が接合します。

図形が接合した

MEMO　もとに戻す

結合した直後であれば、[Ctrl]＋[Z]キーを押すことでもとに戻すことができます。

その他の結合方法

もとの図形

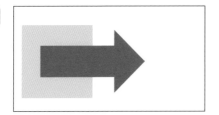

型抜き／合成

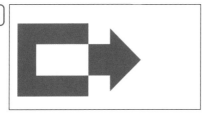

> **MEMO** **型抜き／合成**
> 「型抜き／合成」は、複数の図形の重なる部分を削除する結合方法です。

切り出し

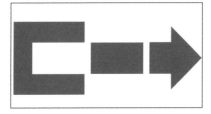

> **MEMO** **切り出し**
> 「切り出し」は、複数の図形の重なる部分を分割し、それぞれを個別の図形に変換する結合方法です。

重なり抽出

> **MEMO** **重なり抽出**
> 「重なり抽出」は、複数の図形の重なる部分を残し、重ならない部分を削除する結合方法です。

単純型抜き

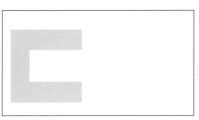

> **MEMO** **単純型抜き**
> 「単純型抜き」は、前面の図形の形で背面の図形を切り取る結合方法です。

SECTION 043

イラスト

オリジナルの吹き出しマークを作ってみよう

PowerPointには、吹き出しの図形が用意されています。ただし、デザインが意図する形と異なる場合は、オリジナルの吹き出しを作成します。あらかじめ用意されている図形を結合することですぐに作成できます。

吹き出しのもとになる図形を作成する

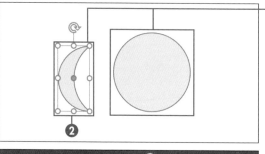

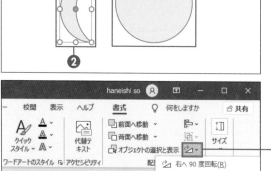

❶ 正円形と三日月型の図形を作成し、色を変更しています。

❷ 三日月型の図形をクリックして選択し、

> MEMO 三日月型の図形を作成する
>
> 三日月型の図形を作成するには、<挿入>タブの<図形>をクリックし、<月>を選択します。

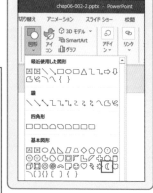

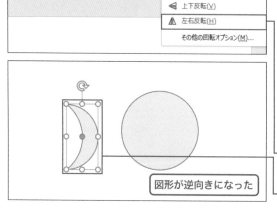

図形が逆向きになった

❸ <書式>タブ（もしくは<図形の書式>タブ）の<オブジェクトの回転>をクリックして、

❹ <左右反転>をクリックすると、

❺ 図形の左右の向きが逆になります。

図形を接合して吹き出しを作成する

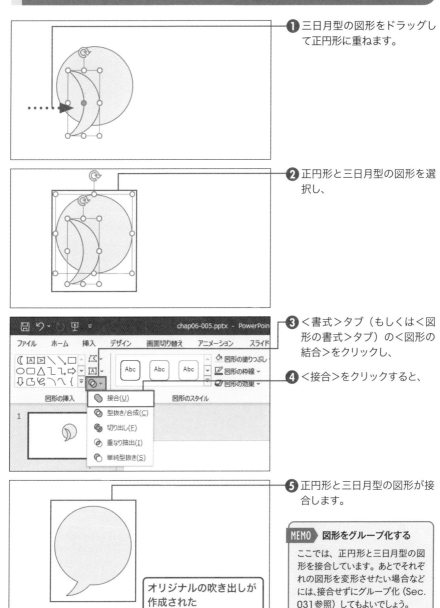

❶ 三日月型の図形をドラッグして正円形に重ねます。

❷ 正円形と三日月型の図形を選択し、

❸ <書式>タブ（もしくは<図形の書式>タブ）の<図形の結合>をクリックし、

❹ <接合>をクリックすると、

❺ 正円形と三日月型の図形が接合します。

オリジナルの吹き出しが作成された

> **MEMO 図形をグループ化する**
>
> ここでは、正円形と三日月型の図形を接合しています。あとでそれぞれの図形を変形させたい場合などには、接合せずにグループ化（Sec. 031参照）してもよいでしょう。

SECTION
044
イラスト

パソコンのイラストを 作ってみよう

ここでは、四角形を組み合わせてデスクトップパソコンののイラストを作成します。図形の色や重なり順はあとから変更できるので、順番通りに図形を作成する必要はありません。必要なパーツを作成し、組み合わせていきます。

デスクトップパソコンのディスプレイを作成する

❶ 長方形を作成し、色を黒色、枠線を＜枠線なし＞に変更しています。

❷ 新しい長方形を作成します。

❸ 長方形をドラッグし、先に作成した黒色の長方形に重ねます。

❹ スマートガイドを確認しながら、図形の中心を揃えます。

❺ 重ねた長方形の色を白色、枠線を「枠線なし」に設定します。

MEMO 図形をきれいに見せる

図形を作成する場合、線だけ、または枠線のない色だけの図形を意識して作成すると、きれいな図形になります。

その他のパーツを作成する

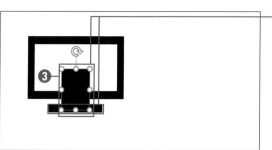

❶ 2つの長方形を作成します。

❷ 長方形の色は黒色、枠線は<枠線なし>に設定します。

❸ ディスプレイの前面に重なっている長方形をクリックして選択し、

❹ <書式>タブ（もしくは<図形の書式>タブ）の<背面へ移動>をクリックし、

❺ <最背面へ移動>をクリックすると、

> **MEMO** 図形の重なり順を変更する
>
> 図形を重ねたとき、重ねた部分が隠れてしまう場合は、重なり順を変更します（Sec.033参照）。

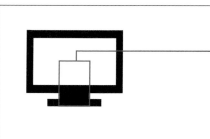

❻ 長方形が最背面へ移動し、ディスプレイの隠れていた部分が表示されます。

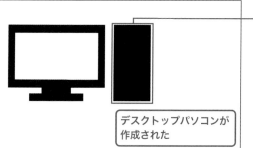

デスクトップパソコンが作成された

❼ 長方形を作成し、パソコン本体を配置します。

> **MEMO** 図形をグループ化する
>
> 複数の図形を組み合わせてアイコンなどを作成した場合、図形の1つを意図せずに移動させてしまうといったトラブルが起こる可能性があります。図形をグループ化しておくと安心です（Sec.031参照）。

SECTION

045

イラスト

建物のイラストを
作ってみよう

ここでは、PowerPointにあらかじめ用意されている図形を使って、建物のイラストを作成します。このとき、直方体を作成すると、ドラッグ操作で立体的な四角形を作成できるので活用しましょう。建物の窓は、コピーして配置すると効率的です。

第
1
章

第
2
章

第
3
章　イラスト

第
4
章

第
5
章

建物を作成する

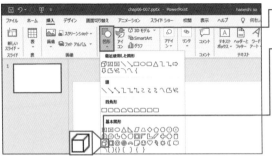

① <挿入>タブの<図形>をクリックし、

② <直方体>をクリックします。

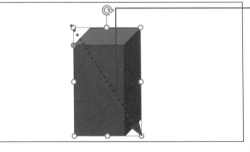

③ スライド上をドラッグすると、直方体が作成されます。

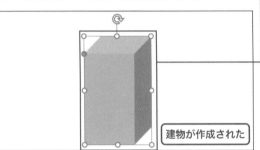

建物が作成された

④ 色を<緑、アクセント6、白＋基本色40％>に変更し、枠線を<枠線なし>に設定します。

MEMO ▶ 色が自動的に調整される

直方体の色を変更すると、光の当たる部分や影の部分の色が自動的に調整されるため、立体感が維持されます。

窓を作成する

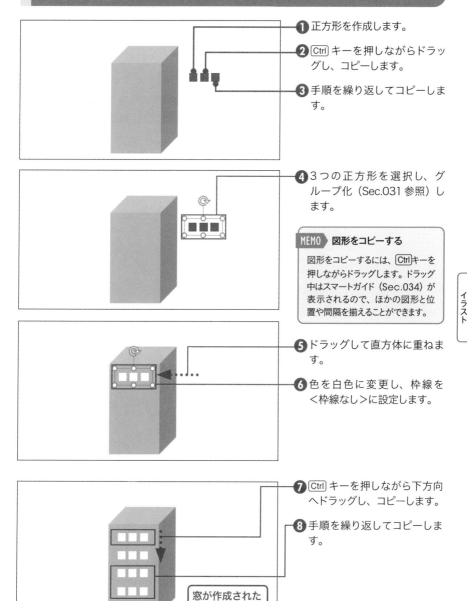

❶ 正方形を作成します。

❷ Ctrl キーを押しながらドラッグし、コピーします。

❸ 手順を繰り返してコピーします。

❹ 3つの正方形を選択し、グループ化（Sec.031 参照）します。

MEMO 図形をコピーする

図形をコピーするには、Ctrl キーを押しながらドラッグします。ドラッグ中はスマートガイド（Sec.034）が表示されるので、ほかの図形と位置や間隔を揃えることができます。

❺ ドラッグして直方体に重ねます。

❻ 色を白色に変更し、枠線を＜枠線なし＞に設定します。

❼ Ctrl キーを押しながら下方向へドラッグし、コピーします。

❽ 手順を繰り返してコピーします。

窓が作成された

SECTION 046

イラスト

人物のイラストを
作ってみよう

ここでは、PowerPointにあらかじめ用意されている図形を使って、人物のイラストを作成します。人物のイラストは、顧客やコミュニティのメンバー、システムのユーザーなどを表現する図形としてよく使われます。

人物のイラストを作成する

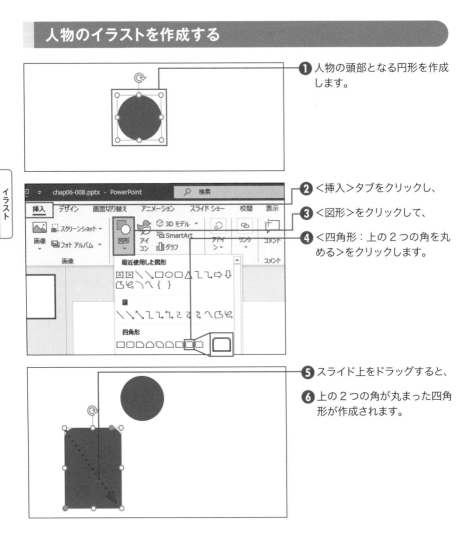

❶ 人物の頭部となる円形を作成します。

❷ <挿入>タブをクリックし、

❸ <図形>をクリックして、

❹ <四角形：上の2つの角を丸める>をクリックします。

❺ スライド上をドラッグすると、

❻ 上の2つの角が丸まった四角形が作成されます。

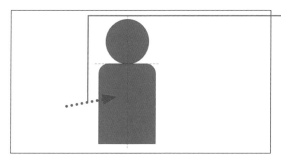

⑦ 作成した四角形をドラッグし、位置を調整します。

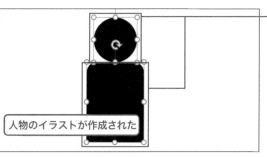

人物のイラストが作成された

⑧ Shift キーを押しながら円形および角の丸まった四角形をクリックして選択し、

⑨ 色を黒色、枠線を＜枠線なし＞に設定します。

衣服を作成する

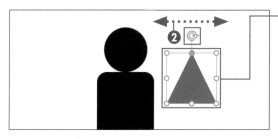

① 三角形を作成し、

② 回転ハンドルをドラッグして三角形を回転させ、上下を反対にします。

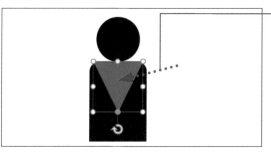

③ 三角形をドラッグし、上の2つの角が丸まった四角形に重ねて位置を調整します。

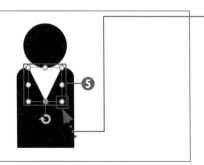

④ サイズ調整ハンドルをドラッグして三角形のサイズを調整し、

⑤ 色を白色、枠線を＜枠線なし＞に設定します。

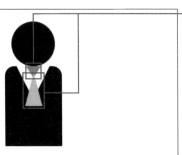

⑥ 2つの三角形を作成し、図のように重ねてネクタイを表現します。ここでは、わかりやすくするために水色と黄色を設定しています。

人物のイラストが完成した

⑦ ネクタイの色を黒色、枠線を＜枠線なし＞に設定すると、完成です。

⑧ サイズや色の異なる図形を組み合わせることで、異なる人物のイラストを作成できます。

第 4 章

アイコンを使った図の作成

PowerPoint の アイコン機能

PowerPointでは、人物や建物などがシンプルに表現されたアイコンを利用できます。マイクロソフト社がインターネットを介して配布している素材で、無料です。複数のアイコンを組み合わせてイメージ図を作成したり、スライドのアクセントとして配置したりできます。

たくさんのアイコンが配布されている

MEMO インターネット接続が必要

スライドにアイコンを挿入するには、パソコンがインターネットに接続されている必要があります。挿入後は、インターネットに接続していなくても編集できます。
なお、PowerPoint 2019より前のバージョンではアイコン機能が使用できない場合もあります。

MEMO 無料で利用できる

アイコンは、無料で利用できます。著作権はフリーのため自由に色やサイズを変更できます。ただし、利用できるのはOfficeアプリのユーザーのみです。プレゼンテーションの閲覧者などに配布することはできません。

✓ COLUMN

アイコンを検索する

PowerPointでは、たくさんのアイコンが用意されています。種類ごとに分類されていますが、目的のアイコンが見つからない場合は、検索ボックスを利用してみましょう。

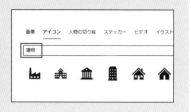

色やサイズの変更ができる

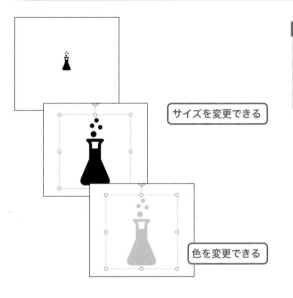

サイズを変更できる

色を変更できる

第1章

第2章

第3章

第4章
アイコン

第5章

MEMO アイコンを編集する

アイコンは、通常の図形と同様、色やサイズを変更できます。アイコンと通常の図形を組み合わせ、オリジナルのアイコンを作成することもできます。

アイコンのほかにも画像やイラストを挿入できる

MEMO たくさんの素材がある

PowerPointでは、アイコンのほかにも画像（写真）やステッカー、ビデオ（動画）などの素材を利用できます。たとえば画像を挿入したい場合は、アイコンを挿入する画面を表示し、素材の種類を選択します。

アイコンを挿入しよう

スライドにアイコンを挿入するには、＜挿入＞タブの＜アイコン＞をクリックし、表示される画面から目的のアイコンを選択します。なお、アイコンを挿入するには、パソコンがインターネットに接続されている必要があります。

スライドにアイコンを挿入する

❶ ＜挿入＞タブをクリックし、

❷ ＜アイコン＞をクリックします。

> **MEMO　複数のアイコンを挿入する**
>
> 複数のアイコンを挿入するには、手順❹で複数のアイコンを選択します。

❸ アイコンの種類（ここでは＜教育＞）をクリックし、

❹ 挿入するアイコンをクリックして選択し、

❺ ＜挿入＞をクリックすると、

> **MEMO　アイコンの色を変更する**
>
> アイコンは、黒一色で表現されています。スライドの内容に合わせて色を変更できます（Sec.050参照）。

❻ スライドにアイコンが挿入されます。

> **MEMO　アイコンを削除する**
>
> アイコンを削除するには、アイコンをクリックして選択し、Delete キーを押します。

アイコンが挿入された

アイコンを
拡大／縮小しよう

アイコンは、通常の図形と同様の操作で拡大／縮小できます（Sec.026参照）。スライドの内容に合わせて調整しましょう。サイズの数値を指定して、正確なサイズに拡大・縮小することもできます。

アイコンを拡大する

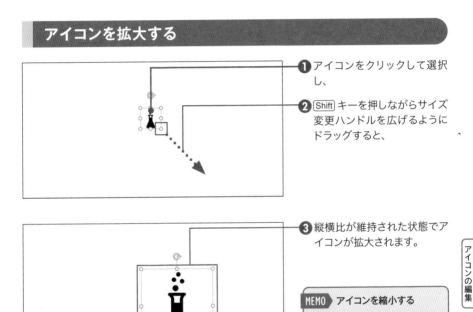

❶ アイコンをクリックして選択し、

❷ Shift キーを押しながらサイズ変更ハンドルを広げるようにドラッグすると、

❸ 縦横比が維持された状態でアイコンが拡大されます。

アイコンが拡大された

> **MEMO** アイコンを縮小する
>
> アイコンを縮小するには、サイズ変更ハンドルを狭めるようにドラッグします。

✔ COLUMN

サイズを数値で指定する

アイコンなど、図形のサイズを数値で指定するには、図形を選択し、＜書式＞タブ（もしくは＜グラフィックス形式＞タブ）の＜サイズ＞にある＜高さ＞と＜幅＞に目的の数値を入力します。単位はセンチメートルになります。

SECTION

050

アイコンの編集

アイコンの色やスタイルを変更しよう

挿入されたアイコンは、黒一色で表現されています。目立たせたい場合や、ほかの図形と組み合わせたい場合などには変更できます。アイコンの一部の色やスタイルだけを変更することもできます（Sec.053参照）。

第1章

第2章

第3章

第4章 アイコンの編集

第5章

アイコンの色を変更する

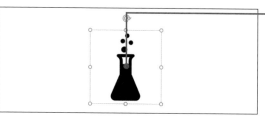

❶ アイコンをクリックして選択し、

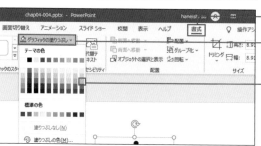

❷ ＜書式＞タブ（もしくは＜グラフィックス形式＞タブ）をクリックして、

❸ ＜グラフィックの塗りつぶし＞をクリックし、

❹ 色（ここでは＜緑、アクセント6、白+基本色40％＞）をクリックすると、

> **MEMO** アイコンのスタイルを変更する
>
> アイコンのスタイルを変更するには、アイコンを選択し、手順❸の画面で＜グラフィックのスタイル＞から目的のスタイルを選択します。図形のスタイルについての詳細は、Sec.025を参照してください。
>
>

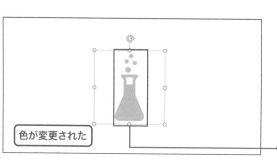

色が変更された

❺ アイコンの色が変更されます。

SECTION 051

アイコンの編集

アイコンをトリミングしよう

アイコンは、余白を含めて1つの図形として扱われます。ほかの図形と整列する場合など、余白が大きいときれいに揃わないことがあります。このような場合は、トリミングして不要な余白を削除できます。

アイコンをトリミングする

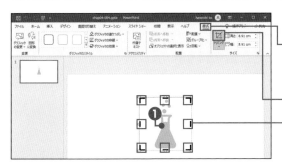

❶ アイコンをクリックして選択し、

❷ ＜書式＞タブ（もしくは＜グラフィックス形式＞タブ）をクリックして、

❸ ＜トリミング＞の上半分をクリックすると、

❹ アイコンの四隅と四辺にトリミング枠が表示されます。

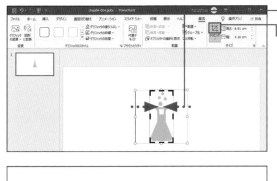

❺ トリミング枠をドラッグし、

❻ 再度＜トリミング＞の上半分をクリックすると、

> **MEMO　トリミングするときの注意点**
>
> 手順❺でアイコンをトリミングするとき、サイズ変更ハンドル（白い丸印）をドラッグすると、アイコンのサイズが変更されていしまうので注意が必要です。トリミング枠にマウスポインターを合わせ、形が┣などに変化していることを確認してから操作すると安心です。

❼ アイコンがトリミングされます。

トリミングされた

第1章

第2章

第3章

アイコンの編集　第4章

第5章

093

SECTION

052

アイコンの編集

アイコンを
図形に変換しよう

アイコンを図形に変換すると、複数の図形に分割されます。それぞれ個別に編集できるようになるので、「アイコンの一部を変形させたい」「アイコンの一部の色を変更したい」といった場合に活用しましょう。アイコンは、＜書式＞タブのボタンから図形に変換できます。

第1章

第2章

第3章

第4章
アイコンの編集

第5章

アイコンを図形に変換する

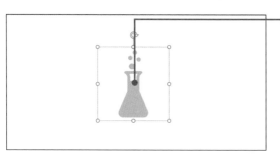

❶ アイコンをクリックして選択し、

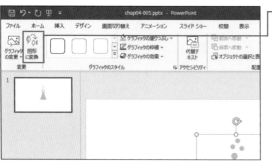

❷ ＜書式＞タブ（もしくは＜グラフィックス形式＞タブ）の＜図形に変換＞をクリックすると、

> **MEMO** 図形をグループ化する
>
> アイコンを図形に変換すると、複数の図形に分割されます。アイコンとしてもとに戻すことはできません。ただし、図形に変換したあと、グループ化（Sec.031参照）すると、アイコン同様、1つの図形として扱うことができます。

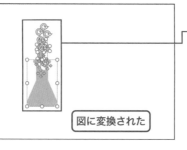

❸ アイコンが図形に変換され、複数の図形に分割されます。

図に変換された

アイコンの一部を変更してみよう

「アイコンの一部を移動して変形させたい」「アイコンの一部の色を変更して目立たせたい」といった場合は、アイコンを図形に変換します。図形に変換すると、通常の図形と同様の操作で色や線の太さなどを変更できるようになります。

アイコンの一部の色を変更する

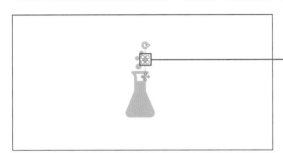

❶ アイコンを図形に変換し（Sec.052 参照）、

❷ 色を変更したい図形をクリックして選択します。

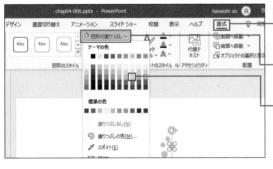

❸ ＜書式＞タブ（もしくは＜図形の書式＞タブ）をクリックし、

❹ ＜図形の塗りつぶし＞をクリックして、

❺ 色（ここでは＜ゴールド、アクセント 4、白＋基本色 40 ％＞）をクリックすると、

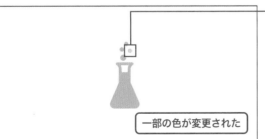

一部の色が変更された

❻ 図形の色が変更されます。

> **MEMO** 図形に枠線を付ける
>
> 図形に枠線を付けるには、図形を選択し、手順❹で＜図形の枠線＞をクリックして、色と太さを選択します。

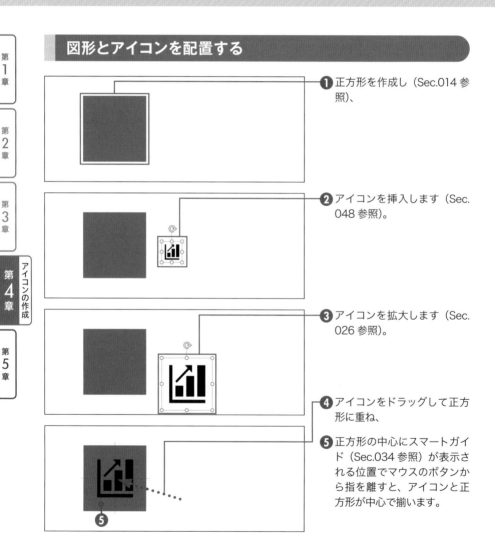

SECTION 054

アイコンの作成

既存のアイコンをもとに 新しいアイコンを描こう

アイコンをほかの図形と組み合わせると、オリジナルのアイコンを作成できます。作成したアイコンを図として保存（Sec.135参照）すると、WordやExcelでも利用できるほか、Webページ用の画像として活用することもできます。

図形とアイコンを配置する

❶ 正方形を作成し（Sec.014 参照）、

❷ アイコンを挿入します（Sec. 048 参照）。

❸ アイコンを拡大します（Sec. 026 参照）。

❹ アイコンをドラッグして正方形に重ね、

❺ 正方形の中心にスマートガイド（Sec.034 参照）が表示される位置でマウスのボタンから指を離すと、アイコンと正方形が中心で揃います。

図形の色と効果を設定する

1 アイコンをクリックして選択し、

2 <書式>タブ（もしくは<グラフィックス形式>タブ）をクリックして、

3 <図形の塗りつぶし>をクリックし、

4 <白>をクリックすると、

5 アイコンの色が変更されます。

6 正方形をクリックして選択します。

7 <書式>タブ（もしくは<図形の書式>タブ）をクリックし、

8 <図形の効果>をクリックし、

9 <標準スタイル>をクリックして、

10 <標準スタイル2>をクリックすると、

MEMO 図形の効果を設定する

「効果」とは、図形に立体感や光沢感を表現するための書式です（Sec.041参照）。

11 図形に効果が設定されます。

オリジナルのアイコンができた

SECTION
055
アイコンの編集

アイコンを
手書き風にしよう

通常、アイコンはきれいな図形で作成されています。シンプルで見やすい反面、堅苦しい印象があります。意図的に手書き風に変換し、スライドの目立たない位置に配置すると、スライドに柔らかく親しみやすい印象を加えることができます。

図形を手書き風に変換する

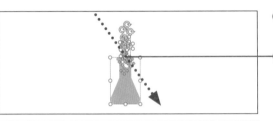

❶ アイコンを図形に変換し（Sec.052 参照）、

❷ すべての図形を囲むようにドラッグしてすべての図形を選択します。

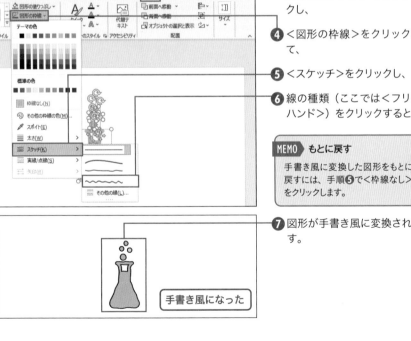

❸ ＜書式＞タブ（もしくは＜図形の書式＞タブ）でをクリックし、

❹ ＜図形の枠線＞をクリックして、

❺ ＜スケッチ＞をクリックし、

❻ 線の種類（ここでは＜フリーハンド＞）をクリックすると、

MEMO　もとに戻す

手書き風に変換した図形をもとに戻すには、手順❺で＜枠線なし＞をクリックします。

❼ 図形が手書き風に変換されます。

手書き風になった

第5章

SmartArtを使った図の作成

SECTION
056
SmartArt

SmartArt を使ってみよう

「SmartArt」は、複数の図形を使って手順やリスト、相関関係などを表現するための機能です。あらかじめたくさんのSmartArtが用意されているので、一覧から選択するだけできれいで整った図形をすぐに作成できます。

SmartArtとは

手順図　立案 ➡ 実行 ➡ 検証

組織図　社長／経営会議／総務部／営業部／開発部

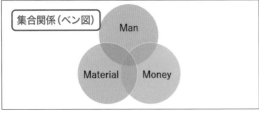

集合関係（ベン図）　Man／Material／Money

> **MEMO　SmartArt**
>
> プレゼンテーションでは、文章ではなく、インパクトのある図や表を使って情報を伝えます。SmartArtを使うと、手順や関係性を表現できる図形の組み合わせがすぐにできるので、自分で1つ1つ図形を作っていく手間を省くことができます。
> また、SmartArtは目的ごとにあらかじめデザインが決められていますが、あとから図形を追加したり、色を変更したいできるので、スライドの内容に合わせて編集していくことができます。

種類	解説
リスト	連続性のない情報を並べて表現します。
手順	連続性のある情報を表現します。
循環	繰り返しや継続する情報を表現します。
階層構造	分岐や組織図を表現します。
集合関係	情報の関係性を表現します。
マトリックス	全体と各部分の関係性を表現します。
ピラミッド	三角形を使い、最大の要素との関係性を表現します。
図	図や写真を使ってリストや手順図を表現します。

第1章　第2章　第3章　第4章　第5章　SmartArt

SmartArt を挿入する

SmartArtは、コンテンツプレースホルダーから挿入できます。SmartArtはたくさんの種類がありますが、<SmartArtグラフィックの選択>ダイアログボックスの右側にはプレビューが表示されるので、イメージを確認しながら作業を進めることができます。

スライドにSmartArtを挿入する

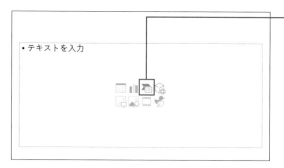

❶ コンテンツプレースホルダーの< SmartArt グラフィックの挿入>をクリックし、

> **MEMO** SmartArtを挿入する
>
> コンテンツプレースホルダーがない場合は、<挿入>タブの<SmartArtグラフィックの挿入>をクリックするとSmartArtを挿入できます。
>
>

❷ SmartArt の種類（ここでは<手順>）をクリックして、

❸ 挿入したい SmartArt をクリックし、

❹ < OK >をクリックすると、

❺ SmartArt が挿入されます。

❻ テキストウィンドウが表示されている場合は、< ⃗ >をクリックして閉じます。

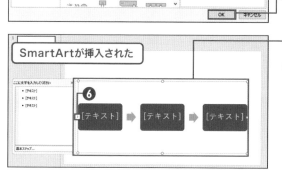

SmartArtが挿入された

> **MEMO** テキストウィンドウ
>
> テキストウィンドウの詳細についてはSec.066を参照してください。

図形に文字を入力しよう

SmartArtを挿入したら、図形に文字を入力しましょう。図形の［テキスト］という部分をクリックすると、文字を入力できます。文字の色はスライドのテーマによって異なりますが、文字のサイズは入力した文字列の長さによって自動的に調整されます。

SmartArtの図形に文字を入力する

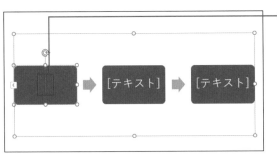

❶ 図形内の＜［テキスト］＞と表示されている部分をクリックすると、文字を入力できる状態になります。

❷ キーボードから文字を入力します。

> **MEMO** 文字のサイズを変更する
>
> 図形に長い文字列を入力すると、文字のサイズが小さくなります。このとき、＜ホーム＞タブやミニツールバーのボタンから文字のサイズを大きくすると、図形も連動して拡大されます。

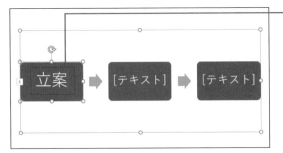

文字が入力された

❸ 手順を繰り返し、残りの図形にも文字を入力します。

> **MEMO** 文字の色を変更する
>
> 文字の色は、＜ホーム＞タブのボタンやミニツールバーから変更できます。

第1章　第2章　第3章　第4章　第5章 手順図

SECTION 059
手順図

塗りつぶしの色を
変更しよう

SmartArtを選択し、<色の変更>をクリックすると、スライドのテーマに応じた配色の一覧が表示されます。ここから目的の配色を選択すると、統一感のある色の組み合わせに変更できます。特定の図形の色だけを変更することもできます。

SmartArtの配色を変更する

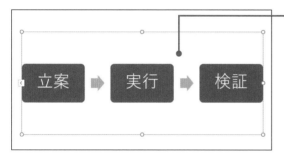

① SmartArt 付近をクリックすると、

② SmartArt 全体が枠で囲まれ、SmartArt が選択されます。

③ <デザイン>タブ（もしくは< SmartArt のデザイン>タブ）をクリックし、

④ <色の変更>をクリックして、

⑤ 目的の配色（ここでは<グラデーション - アクセント 4 >）をクリックすると、

> **MEMO** 特定の図形の色を変更する
>
> SmartArt内の特定の図形の色を変更すると、その図形を目立たせることができます。特定の図形の色だけ変更したい場合は、まず目的の図形をクリックして選択します。その後、<書式>タブにある<図形の塗りつぶし>をクリックし、色を選択します。

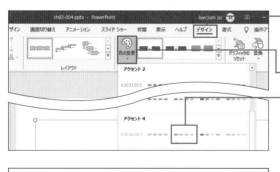

色が変更された

⑥ 図形の配色が変更されます。

枠線の色と太さを変更しよう

SmartArtの図形の枠線の色を変更するには、まず色を変更したい図形をクリックして選択します。次に、<書式>タブにある<図形の枠線>をクリックすると表示される一覧から目的の色を選択します。<図形の枠線>からは、枠線の太さも変更できます。

SmartArtの図形の線の色と太さを変更する

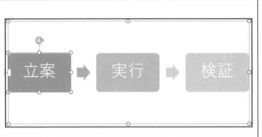

❶ SmartArt 付近をクリックして選択します。

❷ <書式>タブをクリックし、

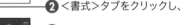

❸ <図形の枠線>をクリックして、

❹ 目的の色（ここでは<オレンジ、アクセント 2、黒＋基本色 50％>）をクリックすると、色が変更されます。

❺ <図形の枠線>をクリックし、

❻ <太さ>をクリックして、

❼ 目的の太さ（ここでは< 6 pt >）をクリックすると、枠線の太さが変更されます。

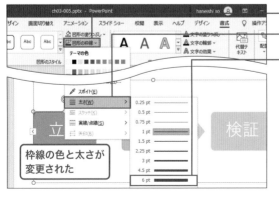

枠線の色と太さが
変更された

> **MEMO** 枠線の種類を変更する
>
> 破線や点線など、枠線の種類も通常の図形と同様の方法で変更できます（Sec.015 ～ 020参照）。

図形を変更しよう

SmartArtに使われる図形は、形があらかじめ決められていますが、四角形を円形にすると
いったように、別の図形に変更することもできます。図形ごとに変更が可能なので、さまざ
まなパターンのSmartArtを描けます。

SmartArtの図形をほかの図形に変更する

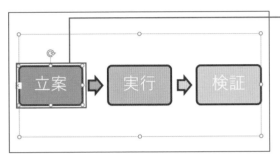

❶ 図形を変更したい図形をク
リックして選択します。

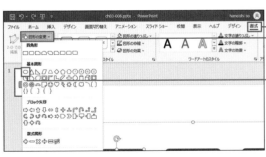

❷ ＜書式＞タブをクリックし、

❸ ＜図形の変更＞をクリックし
て、

❹ 変更後の図形（ここでは＜楕
円＞）をクリックすると、

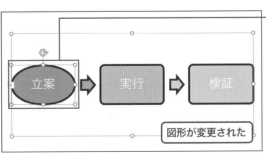

図形が変更された

❺ 図形が変更されます。

> **MEMO** デザインを変更する
>
> リスト図を手順図に変更するなど、
> SmartArtのデザインを変更する
> には、レイアウトを変更します
> （Sec.065参照）。

SECTION
062
手順図

図形の位置を移動しよう

SmartArtは移動できるので、見やすい位置に移動しましょう。SmartArt内の図形を並べ替えたい場合は、＜デザイン＞タブにあるボタンをクリックします。このとき、図形の色はスタイルに合わせて自動的に設定されます。

SmartArt全体を移動する

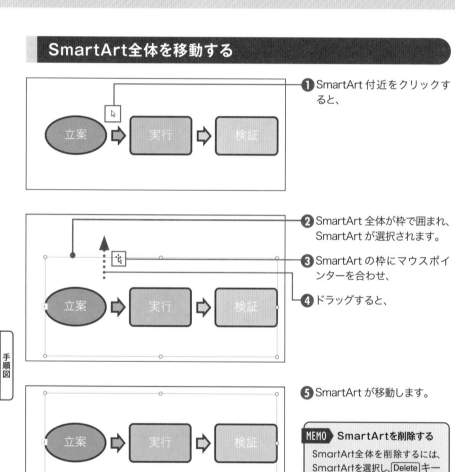

❶ SmartArt 付近をクリックすると、

❷ SmartArt 全体が枠で囲まれ、SmartArt が選択されます。

❸ SmartArt の枠にマウスポインターを合わせ、

❹ ドラッグすると、

❺ SmartArt が移動します。

SmartArtが移動した

MEMO SmartArtを削除する

SmartArt全体を削除するには、SmartArtを選択し、Delete キーを押します。SmartArt内の図形が選択されている状態だと、図形が削除されてしまうので注意が必要です。

SmartArt内の図形を移動する

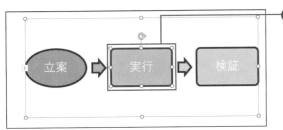

❶ 移動したい図形をクリックして選択します。

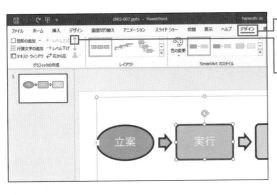

❷ <デザイン>タブ（もしくは< SmartArt のデザイン>タブ）をクリックし、

❸ <選択したアイテムを上へ移動>をクリックすると、

> **MEMO 図形の階層を変更する**
>
> 階層構造を持つSmartArtの場合、図形を選択して<デザイン>タブの<レベル上げ>または<レベル下げ>をクリックすると、図形の階層を変更できます。

❹ 図形が左に移動し、入れ替わります。

SmartArt内の図形が移動した

✓ COLUMN

図形をドラッグして移動する

SmartArtの図形は、通常の図形と同様、ドラッグして移動できます。このとき、関連する矢印などが自動的に変更されます。右図の場合、<立案>と書かれた図形を下方向へ移動すると、右方向への矢印が連動して自動的に回転して斜めになりました。

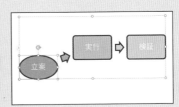

107

図形を追加／削除しよう

SmartArtに情報を追加したい場合は、図形を追加します。SmartArtに図形を追加するには、まず追加する位置の基準になる図形を選択します。次に、基準になる図形の前または後のいずれに追加するかを指定します。不要な図形を削除することもできます。

図形を追加する

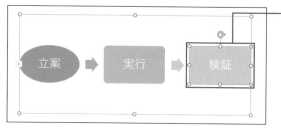

❶ 基準になる図形をクリックして選択します。

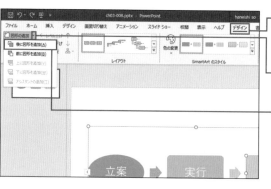

❷ ＜デザイン＞タブ（もしくは＜SmartArtのデザイン＞タブ）をクリックし、

❸ ＜図形の追加＞の▼をクリックして、

❹ ＜後に図形を追加＞をクリックすると、

> **MEMO** 図形を削除する
>
> SmartArtの図形を削除するには、目的の図形をクリックして選択し、Deleteキーを押します。このとき、SmartArt全体が選択されていると、SmartArtそのものが削除されてしまうので注意が必要です。

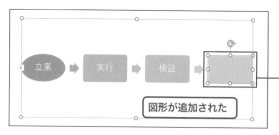

図形が追加された

❺ 基準の図形の後（ここでは右隣）に図形が追加されます。

SECTION

064

手順図

図形の流れを逆にしよう

通常、SmartArtの図形は、「左から右へ」流れるように配置されます。「右から左へ」と流れるように並べ変えたい場合は、ボタン1つで変更できます。ただし、図形が縦に配置されるピラミッド図のように、変更できないものもあります。

手順図の左右を逆にする

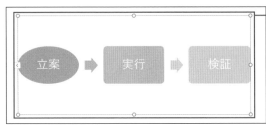

❶ SmartArt 全体を選択し、

❷ ＜デザイン＞タブ（もしくは＜ SmartArt のデザイン＞タブ）をクリックして、

❸ ＜右から左＞をクリックすると、

向きが逆になった

❹ SmartArt の向きが逆になります。

第1章

第2章

第3章

第4章

第5章
手順図

✔ COLUMN

手順図の図形の1つだけ左右を逆にする

手順図の図形や矢印を1つだけ左右を逆にするには、逆にしたい図形をクリックして選択し、＜書式＞タブにある＜オブジェクトの回転＞をクリックして、＜左右反転＞をクリックします。

SECTION
065
手順図

図形のデザインを変更しよう

SmartArtには手順やリストなどの種類がありますが、それぞれ異なるレイアウトが複数用意されています。レイアウトを変更すると、スライドの印象も変わるので、より訴求力のあるレイアウトを検討しましょう。スタイルを変更し、外観を変更することもできます。

SmartArtのレイアウトを変更する

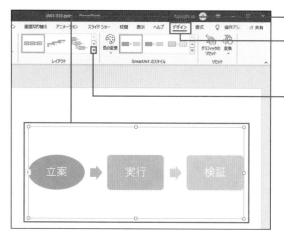

❶ SmartArt 全体を選択し、

❷ <デザイン>タブ（もしくは< SmartArt のデザイン>タブ）をクリックして、

❸ <レイアウト>の⊡をクリックします。

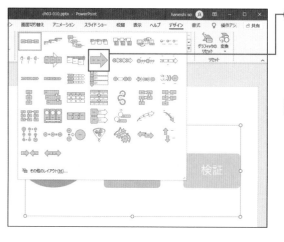

❹ 目的のレイアウト（ここでは<大きな矢印のプロセス）をクリックすると、

MEMO ▶ SmartArtの種類を変更する

手順図を組織図に変更したいなど、SmartArtの種類を変更したい場合は、手順❹で<その他のレイアウト>を選択します。<SmartArtグラフィックの選択>ダイアログボックスが表示されるので、目的のSmartArtを選択し、<OK>をクリックします。

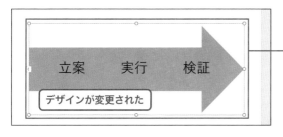

⑤ SmartArt のレイアウトが変更されます。

SmartArtのスタイルを変更する

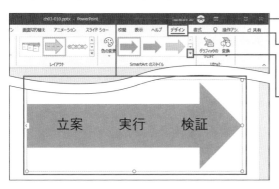

① SmartArt 全体を選択し、

② <デザイン>タブ（もしくは< SmartArt のデザイン>タブ）をクリックして、

③ < SmartArt のスタイル>の⊡をクリックします。

> **MEMO** スタイル
>
> 「スタイル」とは、図形の色や効果など、複数の書式を組み合わせたものです。

④ 目的スタイル（ここでは<ブロック>）をクリックすると、

> **MEMO** デザインをもとに戻す
>
> SmartArtのデザインをもとに戻すには、手順④で<グラフィックのリセット>をクリックします。
>
>

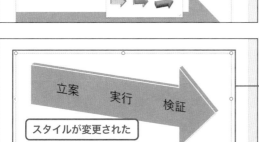

⑤ SmartArt のスタイルが変更されます。

SECTION
066
手順図

テキストウィンドウで編集しよう

「テキストウィンドウ」は、SmartArtの図形に文字を入力するためのツールです。ウィンドウ内に文字を入力していくと、対応する図形に文字が自動的に入力されます。テキストウィンドウから図形を追加したり、図形の階層を変更したりすることもできます。

テキストウィンドウから図形に文字を入力する

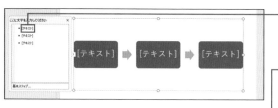

❶ テキストウィンドウ内の＜［テキスト］＞をクリックすると、

❷ 文字を入力できる状態になります。

> **MEMO** テキストウィンドウを利用する
>
> テキストウィンドウでは図形の文字を編集できるため、図形を選択する手間を省くことができます。また、図形に入力されている文字が大きい場合、書式が設定されていないテキストウィンドウの文字の方が編集しやすくなります。ただし、図形が多いと、テキストウィンドウの文字がどの図形に対応しているのかわかりにくいといったこともあります。作業に応じて使い分けましょう。

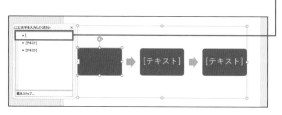

❸ 文字を入力すると、

❹ 対応する図形に入力内容が反映されます。

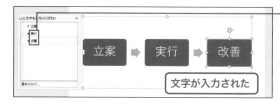

❺ ↑↓キーで行を移動し、文字を入力します。

文字が入力された

テキストウィンドウから図形を追加する

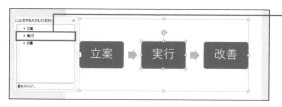

❶ ↑↓ キーで行を移動します。

❷ Enter キーを押すと、

❸ 改行し、図形が追加されます。

❹ そのまま文字を入力すると、

❺ 対応する図形に入力内容が反映されます。

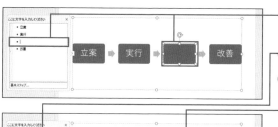

MEMO テキストウィンドウの表示／非表示

テキストウィンドウはSmartArtの左側に表示され、▷ や ◁ をクリックして表示／非表示を切り替えることができます。

テキストウィンドウから図形の階層を下げる

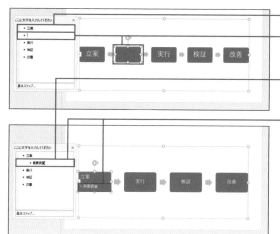

❶ ↑↓ キーで行を移動します。

❷ Enter キーを押して改行すると、図形が追加されます。

❸ Tab キーを押すと、階層が下がります。

❹ 文字を入力すると、図形に反映されます。

MEMO 図形の階層を上げる

テキストウィンドウから図形の階層を上げるには、BackSpace キーを押します。

SECTION
067
リスト図

箇条書きを
リスト図にしよう

PowerPointでは、コンテンツプレースホルダーに文字を入力すると、箇条書きが設定されます。このとき、箇条書きをSmartArtに変換できます。SmartArtに変換すると、箇条書きよりも訴求力のあるスライドを作成できるので活用しましょう。

箇条書きをSmartArtに変換する

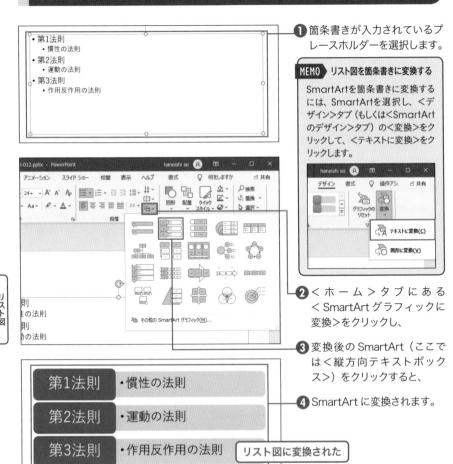

❶箇条書きが入力されているプレースホルダーを選択します。

MEMO リスト図を箇条書きに変換する

SmartArtを箇条書きに変換するには、SmartArtを選択し、<デザイン>タブ（もしくは<SmartArtのデザイン>タブ）の<変換>をクリックして、<テキストに変換>をクリックします。

❷<ホーム>タブにある<SmartArtグラフィックに変換>をクリックし、

❸変換後のSmartArt（ここでは<縦方向テキストボックス>）をクリックすると、

❹SmartArtに変換されます。

第1法則	・慣性の法則
第2法則	・運動の法則
第3法則	・作用反作用の法則

リスト図に変換された

第1章　第2章　第3章　第4章　第5章　リスト図

表の代わりに
リスト図を作ろう

プレゼンテーションでは、簡潔に情報を伝える方法として表がよく使われます。ただし、通常の表は味気ないデザインになりがちです。SmartArtのリスト図を使うと、表を使うよりも見栄えのするスライドを作成できます。

リスト図に向いているデータ

	DDoS対策
セキュリティ	証明書管理
	改ざん検知
	ログ解析
コンテンツ	SEO対策

表

同じ情報でも、SmartArt のリスト図を使うと、通常の表よりも見栄えのする図を作成できます。

セキュリティ
- DDoS対策
- 証明書管理
- 改ざん検知

コンテンツ
- ログ解析
- SEO対策

SmartArt(リスト図)

MEMO 表の代わりにリスト図を使う

見出しと説明文といったシンプルな構成の場合、SmartArtのリスト図を使うと、大きな見出しでインパクトのある図を作成できます。
ただし、表をSmartArtに変換することはできないので、Excelで作成した表を使いたい場合などは、SmartArtで作り直す必要があります。

表に向いているデータ

	製品A	製品B
新宿店	8,750,000	6,560,000
立川店	7,280,000	3,440,000
横浜店	12,370,000	10,080,000
大宮店	5,780,000	4,230,000

MEMO 表を使う

売上表や顧客リスト、統計など、たくさんのデータを比較したい場合は、表が適しているといえます。情報に応じてSmartArtと表を使い分けましょう。

プロセスを表す
手順図を作ろう

SmartArtの手順図では、目標に向かうプロセスを表現できます。視覚化することで、作業内容が文章で読むよりもわかりやすくなり、課題を見つけやすくなります。手順図を描くには、＜SmartArtグラフィックの選択＞ダイアログボックスから＜手順＞を選択します。

プロセスを表す手順図を作成する

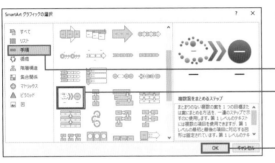

❶ ＜ SmartArt グラフィックの挿入＞ダイアログボックスを表示し（Sec.057 参照）、

❷ ＜手順＞をクリックして、

❸ 目的の手順図（ここでは＜複数案をまとめるステップ＞）をクリックし、

❹ ＜ OK ＞をクリックすると、

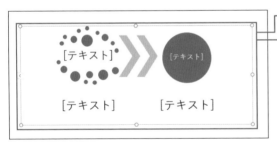

❺ SmartArt が挿入されます。

❻ ＜［テキスト］＞と表示されている部分に文字を入力すると、

❼ 手順図が作成されます。

手順図が作成された

SECTION
070
数式の手順図

数式の手順図を作ろう

「数式の手順図」は、手順図の中に算術演算子（「+」や「-」「=」などの計算記号）を組み合わせたSmartArtです。数式の手順図を描くには、＜SmartArtグラフィックの選択＞ダイアログボックスの＜手順図＞から＜数式＞または＜縦型の数式＞を選択します。

数式の手順図を作成する

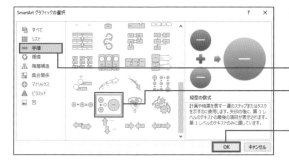

❶ ＜SmartArtグラフィックの挿入＞ダイアログボックスを表示し（Sec.057参照）、

❷ ＜手順＞をクリックして、

❸ 目的の手順図（ここでは＜縦型の数式＞）をクリックし、

❹ ＜OK＞をクリックすると、

❺ SmartArtが挿入されます。

❻ ＜［テキスト］＞と表示されている部分に文字を入力すると、

❼ 手順図が作成されます。

手順図が作成された

✅ COLUMN

算術演算子を変更する

数式の手順図で使われている算術演算子は、標準設定では「+」記号です。「-」や「÷」記号に変更するには、記号の図形をクリックして選択し、＜書式＞タブの＜図形の変更＞をクリックすると表示される一覧から目的の記号を選択します。

SECTION

071

組織図

階層のある組織図を作ろう

SmartArtの組織図では、会社や団体の階層構造を表現できます。組織名などを入力する図形は、組織に合わせて追加できます。図形を追加すると、関係性を表す線や図形のサイズが自動的に調整されるので、複雑な組織図もかんたんに作成できます。

組織図を作成する

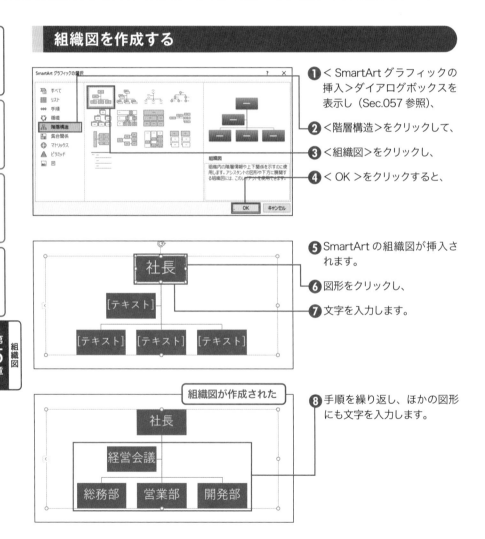

❶ < SmartArt グラフィックの挿入>ダイアログボックスを表示し（Sec.057 参照）、

❷ <階層構造>をクリックして、

❸ <組織図>をクリックし、

❹ < OK >をクリックすると、

組織図
組織内の階層情報や上下関係を示すのに使用します。アシスタントの図形や下方に展開する組織図には、このレイアウトを使用できます。

❺ SmartArt の組織図が挿入されます。

❻ 図形をクリックし、

❼ 文字を入力します。

[テキスト]

[テキスト]　[テキスト]　[テキスト]

組織図が作成された

社長

経営会議

総務部　営業部　開発部

❽ 手順を繰り返し、ほかの図形にも文字を入力します。

組織図の図形を追加する

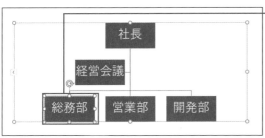

1 基準になる図形をクリックして選択します。

MEMO 図形を追加する

図形の追加の詳細については、Sec.063を参照してください。

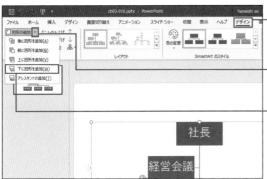

2 <デザイン>タブ（もしくは< SmartArt のデザイン>タブ）をクリックし、

3 <図形の追加>の⊡をクリックして、

4 <下に図形を追加>をクリックすると、

MEMO 図形を削除する

組織図の図形を削除するには、目的の図形をクリックして選択し、Delete キーを押します。

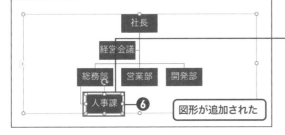

5 基準の図形の下の階層に図形が追加され、SmartArt のサイズが調整されます。

6 文字を入力します。

図形が追加された

✅ COLUMN

組織図のレイアウトを変更する

<デザイン>タブにある<レイアウト>からは、組織図のレイアウトを変更できます。組織図を横に並べるレイアウトなどが用意されているので、印象を大きく変更できます。

SECTION 072

循環図

循環図を作ろう

SmartArtの循環図では、タスクやイベントを示す図形と矢印を使い、繰り返されるプロセスやサイクルを表現できます。循環図を描くには、＜SmartArtグラフィックの選択＞ダイアログボックスから＜循環＞を選択します。

循環図を作成する

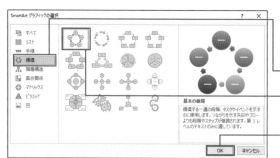

❶ ＜ SmartArt グラフィックの挿入＞ダイアログボックスを表示し（Sec.057 参照）、

❷ ＜循環＞をクリックして、

❸ 目的の循環図（ここでは＜基本の循環＞）をクリックし、

❹ ＜ OK ＞をクリックすると、

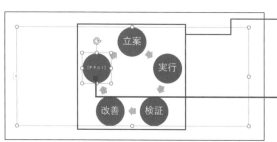

❺ SmartArt が挿入されます。

❻ ＜［テキスト］＞と表示されている部分に文字を入力すると、手順図が作成されます。

❼ 不要な図形をクリックして選択し、

❽ Delete キーを押すと、

❾ 図形が削除され、SmartArtのサイズが調整されます。

循環図が作成された

MEMO　循環の流れを逆にする

循環図は、標準設定では右回り（時計周り）です。＜デザイン＞タブ（もしくは＜SmartArtのデザイン＞タブ）の＜右から左＞をクリックすると、逆周りに変更できます(Sec.064参照)。

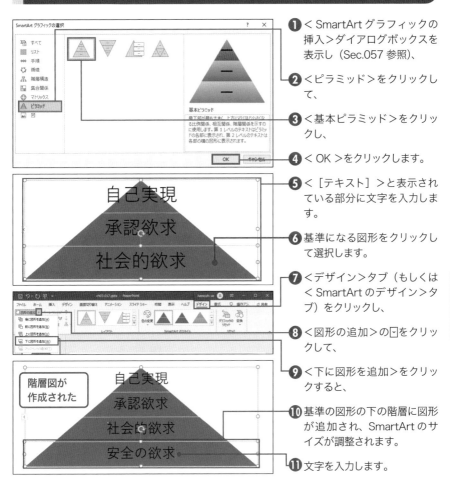

SECTION
073
階層図

ピラミッド型の
階層図を作ろう

階層図は、複数のデータをピラミッド型に配置することで、データ間の比例関係や相互関係、階層関係を表現できます。階層図を描くには、＜SmartArtグラフィックの選択＞ダイアログボックスから＜ピラミッド＞を選択します。

ピラミッド型の階層図を作成する

❶ ＜ SmartArt グラフィックの挿入＞ダイアログボックスを表示し（Sec.057 参照）、

❷ ＜ピラミッド＞をクリックして、

❸ ＜基本ピラミッド＞をクリックし、

❹ ＜ OK ＞をクリックします。

❺ ＜［テキスト］＞と表示されている部分に文字を入力します。

❻ 基準になる図形をクリックして選択します。

❼ ＜デザイン＞タブ（もしくは＜ SmartArt のデザイン＞タブ）をクリックし、

❽ ＜図形の追加＞のをクリックして、

❾ ＜下に図形を追加＞をクリックすると、

❿ 基準の図形の下の階層に図形が追加され、SmartArt のサイズが調整されます。

⓫ 文字を入力します。

自己実現
承認欲求
社会的欲求

階層図が作成された
自己実現
承認欲求
社会的欲求
安全の欲求

第1章
第2章
第3章
第4章
第5章 階層図

121

関係性を示す
ベン図を作ろう

「ベン図」とは、複数のデータの集合関係を図形化したものです。データが整理されることで、データの範囲や類似点がわかりやすくなります。ベン図を描くには、＜SmartArtグラフィックの選択＞ダイアログボックスから＜集合関係＞から目的のデザインを選択します。

第1章

第2章

第3章

第4章

第5章 ベン図

ベン図を作成する

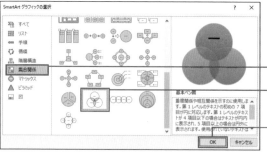

❶ ＜SmartArtグラフィックの挿入＞ダイアログボックスを表示し（Sec.057参照）、

❷ ＜集合関係＞をクリックして、

❸ 目的のベン図（ここでは＜基本ベン図＞）をクリックし、

❹ ＜OK＞をクリックすると、

❺ SmartArtが挿入されます。

❻ ＜［テキスト］＞と表示されている部分に文字を入力すると、ベン図が作成されます。

❼ ＜デザイン＞タブ（もしくは＜SmartArtのデザイン＞タブ）をクリックし、

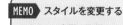

❽ ＜SmartArtのスタイル＞からスタイルを選択すると、

❾ SmartArtのスタイルが変更されます。

MEMO スタイルを変更する

スタイルの変更の詳細については、Sec.065を参照してください。

第 **6** 章

コネクタを使った図の作成

コネクタを使って
フローチャートを作ってみよう

「フローチャート」とは、業務のタスクや処理を四角形やひし形などの図形で表し、矢印で
つなぐことで作業の順序を視覚化した図のことです。ここでは、フローチャートの基本的な
構造と、フローチャートに使われる主な記号について解説します。

フローチャートの基本的な構造

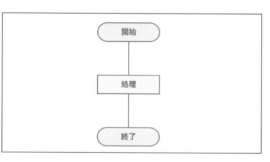

順次構造
処理が上から下へと進むシンプルなフ
ローチャートです。

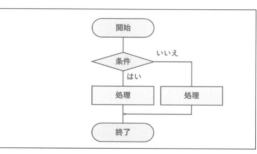

分岐構造
条件によって処理が分かれるフロー
チャートです。

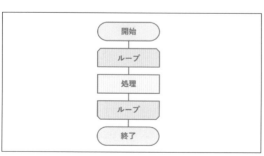

反復構造
条件を満たしている間は処理を繰り返す
フローチャートです。

フローチャートの主な記号

フローチャートで使う記号は、日本の場合、日本工業規格（JIS）によって決められています。主な記号は次のとおりです。

記号	記号名	意味
⬭	端子	フローの開始と終了を意味します。
▭	処理	任意の処理を意味します。
→	線矢印	記号を結ぶ線は、通常の線でかまいません。フローの順序を明確にしたい場合は矢印にします。
◇	判断	条件によってフローが分岐する処理を意味します。
▱	データ	媒体を指定しないデータを意味します。
⫞▯⫞	定義済み処理	関数やサブルーチンなど、あらかじめて定義されている処理を意味します。
▤	ループ	繰り返す作業の開始と終了を意味します。

図形を線やコネクタでつなぐ

図形の一覧から線（コネクタ）を選択し、図形にマウスポインターを合わせると、四辺中央に接続点が表示されます。接続点どうしをつなぐことで図形がきれいにつながり、図形を移動すると線も連動して変形します。

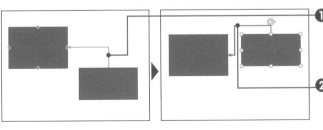

❶ マウスポインターを合わせると表示される接続点同士を線やコネクタでつなぎます。

❷ 線でつないだ記号をドラッグして移動すると、連動して線も変形します。

125

SECTION
076
フローチャート

開始記号を描こう

フローチャートを作成するには、まずは開始記号を作成します。開始記号を作成するには、<挿入>タブにある<図形>をクリックし、<フローチャート>グループの<フローチャート：端子>を選択して、スライド上をドラッグします。

第6章 フローチャート

第7章

第8章

第9章

第10章

フローチャートの開始記号を描く

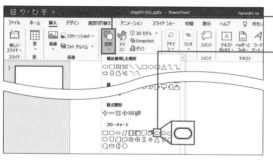

❶ <挿入>タブの<図形>をクリックして、

❷ <フローチャート：端子>をクリックします。

MEMO 開始記号

フローチャートの処理記号は、作業の開始を意味します。終端記号とも呼ばれます。

❸ スライド上をドラッグすると、

MEMO 図形を移動する

図形は、ドラッグして移動できます（Sec.028参照）。まずは必要な図形を作成し、あとから位置を調整します。

開始記号が作成された

❹ 開始記号が作成されます。

MEMO 図形を間違えて作成した場合

目的と異なる図形を作成してしまった場合は、Sec.132の手順でほかの図形に変換できます。不要な場合は、図形をクリックして選択し、[Delete]キーを押して削除します。

開始記号に文字を入力する

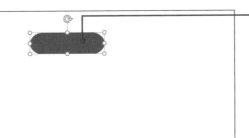

❶ 開始記号をクリックして選択します。

❷ 文字（ここでは「サインイン」）を入力します。

MEMO 図形に文字を入力する

図形に文字を入力するには、目的の図形を選択し、そのままキーボードから文字を入力します。

> 文字が入力された

❸ 図形の塗りつぶしと枠線の色を変更します。ここでは塗りつぶしの色に＜青、アクセント5、白＋基本色80％＞、枠線の色に＜青、アクセント1＞を設定しています。

MEMO 図形の色を変更する

図形の塗りつぶしの色についてはSec.018、枠線の色についてはSec.017を参照してください。

> 図形の色が変更された

> サインイン

❹ 文字の書式を設定します。ここではフォントの色＜青、アクセント1＞と太字を設定しています。

MEMO 文字の書式を設定する

文字の書式については、Sec.023を参照してください。

> 文字の書式が変更された

フローチャート
第6章
第7章
第8章
第9章
第10章

処理記号を描こう

開始記号を作成したら、次に処理記号を作成します。このとき、はじめから処理記号を作成することもできますが、開始記号をコピーし、処理記号用の図形に変換すると、開始記号に設定されている書式をそのまま使うことができるので効率的です。

フローチャートの処理記号を描く

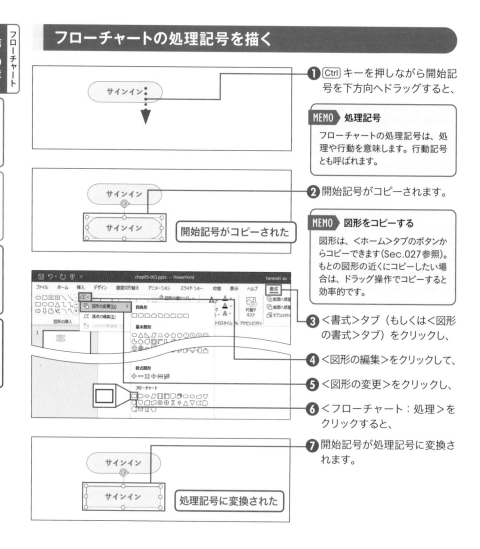

❶ Ctrl キーを押しながら開始記号を下方向へドラッグすると、

MEMO 処理記号

フローチャートの処理記号は、処理や行動を意味します。行動記号とも呼ばれます。

❷ 開始記号がコピーされます。

MEMO 図形をコピーする

図形は、＜ホーム＞タブのボタンからコピーできます（Sec.027参照）。もとの図形の近くにコピーしたい場合は、ドラッグ操作でコピーすると効率的です。

❸ ＜書式＞タブ（もしくは＜図形の書式＞タブ）をクリックし、

❹ ＜図形の編集＞をクリックして、

❺ ＜図形の変更＞をクリックし、

❻ ＜フローチャート：処理＞をクリックすると、

❼ 開始記号が処理記号に変換されます。

処理記号をコピーする

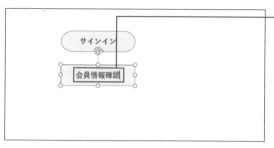

❶ 処理記号内の文字を書き換えます。ここでは「会員情報確認」と書き換えます。

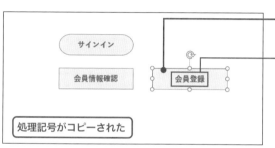

❷ 左ページ手順❶と同様の操作で処理記号をコピーします。

❸ 文字を書き換えます。ここでは「会員登録」と書き換えます。

❹ 手順を繰り返して処理記号をコピーします。

❺ 文字を書き換えます。ここでは「予約処理」と書き換えます。

✅ COLUMN

処理記号をはじめから描く

ここでは、図形を変換することで処理記号を描きました。処理記号をはじめから描きたい場合は、<挿入>タブにある<図形>をクリックし、<フローチャート：処理>をクリックしてシート上をドラッグします。

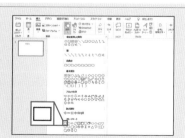

SECTION

078

フローチャート

分岐記号を描こう

フローチャート内の処理が条件によって異なる処理を行う場合は、分岐記号を作成します。処理記号と同様、ほかの図形をコピーすると効率的です。コピーした結果、条件文が図形に収まらない場合は、図形のサイズを調整します。

フローチャートの分岐記号を描く

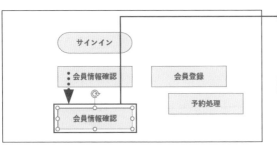

❶ Ctrl キーを押しながら処理記号の1つを下方向へドラッグし、コピーします。

> **MEMO** 分岐記号
>
> フローチャートの終了記号は、条件によって処理が分岐することを意味します。判断記号とも呼ばれます。

❷ <書式>タブ（もしくは<図形の書式>タブ）をクリックし、

❸ <図形の編集>をクリックして、

❹ <図形の変更>をクリックし、

❺ <フローチャート：判断>をクリックすると、

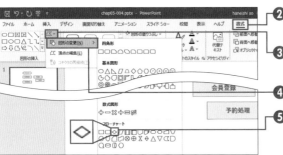

❻ 処理記号が分岐記号に変換されます。

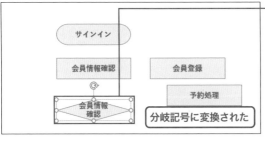

分岐記号に変換された

分岐記号のサイズを変更する

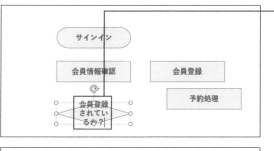

❶ 文字を書き換えます。ここでは「会員登録されているか?」と書き換えます。その結果、文章が長いので文字が図形からあふれました。

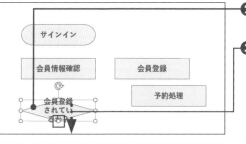

❷ 分岐記号をクリックして選択します。

❸ サイズ調整ハンドルを外方向へドラッグすると、

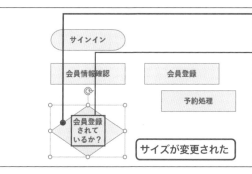

サイズが変更された

❹ 図形が拡大され、文章が正しく表示されます。

❺ 文章を改行して読みやすくします。

MEMO 図形を拡大／縮小する

図形のサイズは、あとから変更できます(Sec.026参照)。はじめから完成形を意識して作成する必要はありません。

✅ COLUMN

分岐記号をはじめから描く

ここでは、図形を変換することで分岐記号を描きました。分岐記号をはじめから描きたい場合は、<挿入>タブにある<図形>をクリックし、<フローチャート:判断>をクリックしてシート上をドラッグします。

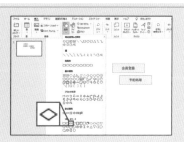

SECTION
079

フローチャート

終了記号を描こう

処理記号や分岐記号を作成したら、終了記号を作成します。また、記号の形はJIS規格によって決められていますが、色は決まっていません。ただし、記号の種類ごとに色を変更すると、わかりやすく、見栄えのするフローチャートになります。

フローチャートの終了記号を描く

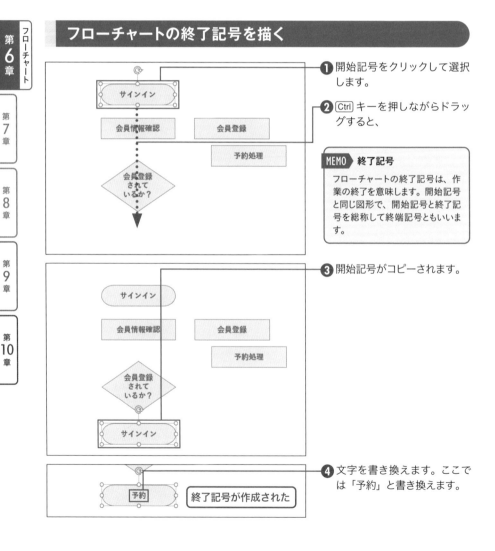

❶ 開始記号をクリックして選択します。

❷ Ctrl キーを押しながらドラッグすると、

MEMO　終了記号

フローチャートの終了記号は、作業の終了を意味します。開始記号と同じ図形で、開始記号と終了記号を総称して終端記号ともいいます。

❸ 開始記号がコピーされます。

❹ 文字を書き換えます。ここでは「予約」と書き換えます。

フローチャートの記号の色を変更する

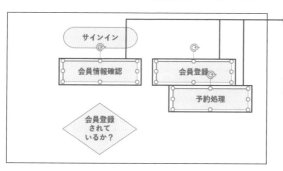

❶ Shift キーを押しながら3つの処理記号をクリックして選択します。

MEMO 複数の図形を選択する

複数の図形を選択するには、Shift キーを押しながら目的の図形をクリックするか、複数の図形を囲むようにドラッグします。

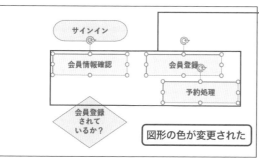

図形の色が変更された

❷ 色を変更します。ここでは<ゴールド、アクセント4、白＋基本色80％>に設定しました。

MEMO 図形の色を変更する

図形の色は、<書式>タブのボタンから変更できます（Sec.018参照）。

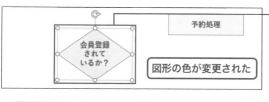

図形の色が変更された

❸ 同様の手順で分岐記号の色を変更します。ここでは、<緑、アクセント6、白＋基本色80％>に設定しました。

✓ **COLUMN**

ループ記号を描く

フローチャートでよく使われる図形の1つにループ記号があります。しかし、<挿入>タブにある<図形>をクリックすると表示される一覧の<フローチャート>グループには、該当する図形がありません。<四角形>グループにある<四角形：上の2つの角を切り取る>を使って作成します。ループの終了記号を描くときは、図形の左下と右上にある調整ハンドルを操作して図形の形を調整します。

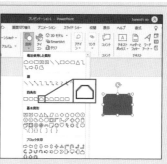

フローチャート

第6章

第7章

第8章

第9章

第10章

SECTION
080
フローチャート

図形をきれいに揃えよう

フローチャートの記号を作成したら、位置を揃えます。PowerPointでは、図形をドラッグして移動すると、ほかの図形との位置関係を表すスマートガイドが表示されるので、直感的に図形を揃えることができます。

第6章 フローチャート
第7章
第8章
第9章
第10章

フローチャートの記号の位置と間隔を揃える

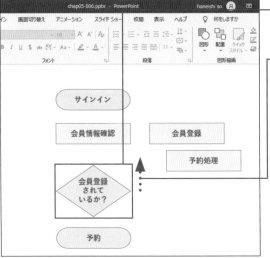

❶ 位置を揃えたい図形（ここでは分岐記号）をクリックして選択し、

❷ 上方向へドラッグすると、

MEMO　スマートガイドを利用する

PowerPointでは、図形をドラッグして移動すると、ほかの図形と上端や左端、間隔などが揃う位置にスマートガイドが表示されます（Sec.034参照）。

❸ ほかの図形と位置や間隔が揃う位置にスマートガイドが表示されます。

❹ マウスのボタンから指を離すと、図形の位置と間隔が揃います。

ほかの記号の位置と間隔も揃える

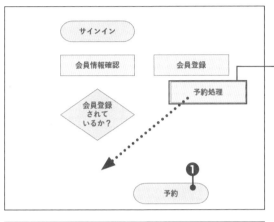

❶ 作業しやすいように、「予約」と入力された終了記号の位置を変更しています。

❷「予約処理」と入力された処理記号をドラッグし、

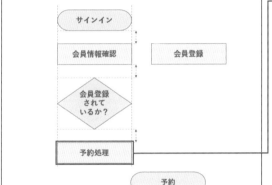

❸ スマートガイドが表示される位置に移動します。

> **MEMO** 複数の図形を揃える
>
> スマートガイドは、直感的に図形を揃えることができるため便利ですが、図形の位置を1つ1つ調整する必要があります。複数の図形をまとめていっきに揃えたい場合は、<書式>タブのメニューを利用することもできます（Sec.034参照）。
>
>

位置と間隔が揃った

❹ 手順を繰り返し、「予約」と入力された終了記号の位置を揃えます。

❺「会員登録」と入力された処理記号を分岐記号の中心と揃う位置に移動します。

SECTION

081

フローチャート

記号を線でつなごう

フローチャートの記号の位置を揃えたら、線でつなぎます。このとき、マウスポインターを
記号に合わせると、記号の四辺にグレーのハンドル（接続点）が表示されます。接続点を
クリックすると、記号と線をきれいにつなぐことができます。

第
6
章
フローチャート

第
7
章

第
8
章

第
9
章

第
10
章

記号と記号を直線の矢印でつなぐ

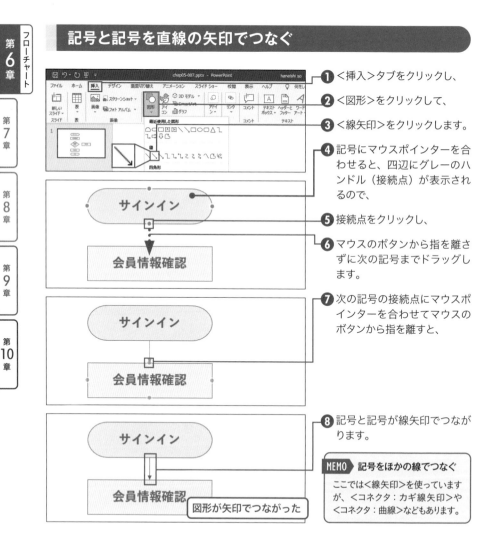

① <挿入>タブをクリックし、

② <図形>をクリックして、

③ <線矢印>をクリックします。

④ 記号にマウスポインターを合わせると、四辺にグレーのハンドル（接続点）が表示されるので、

⑤ 接続点をクリックし、

⑥ マウスのボタンから指を離さずに次の記号までドラッグします。

⑦ 次の記号の接続点にマウスポインターを合わせてマウスのボタンから指を離すと、

⑧ 記号と記号が線矢印でつながります。

図形が矢印でつながった

MEMO 記号をほかの線でつなぐ

ここでは<線矢印>を使っていますが、<コネクタ：カギ線矢印>や<コネクタ：曲線>などもあります。

記号と記号を折れ線矢印でつなぐ

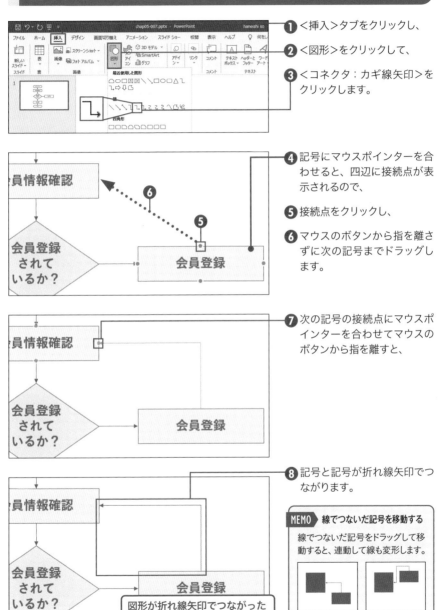

① <挿入>タブをクリックし、

② <図形>をクリックして、

③ <コネクタ:カギ線矢印>をクリックします。

④ 記号にマウスポインターを合わせると、四辺に接続点が表示されるので、

⑤ 接続点をクリックし、

⑥ マウスのボタンから指を離さずに次の記号までドラッグします。

⑦ 次の記号の接続点にマウスポインターを合わせてマウスのボタンから指を離すと、

⑧ 記号と記号が折れ線矢印でつながります。

MEMO 線でつないだ記号を移動する

線でつないだ記号をドラッグして移動すると、連動して線も変形します。

SECTION
082
フローチャート

テキストボックスを描こう

分岐記号の出口には、「はい」や「いいえ」など、条件に対する回答の文字を配置します。文字を配置するには、テキストボックスと呼ばれる文字用の図形を使います。縦書きの場合は、縦書き用のテキストボックスを作成できます。

第6章 フローチャート

第7章

第8章

第9章

第10章

テキストボックスを挿入する

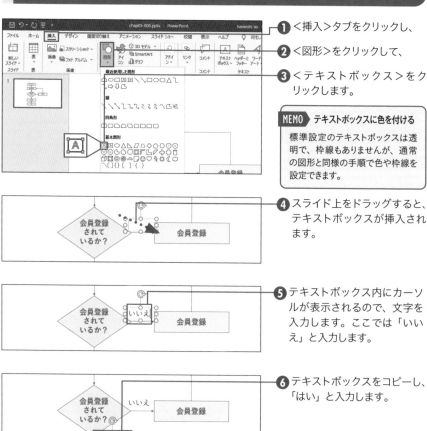

❶ ＜挿入＞タブをクリックし、

❷ ＜図形＞をクリックして、

❸ ＜テキストボックス＞をクリックします。

MEMO　テキストボックスに色を付ける

標準設定のテキストボックスは透明で、枠線もありませんが、通常の図形と同様の手順で色や枠線を設定できます。

❹ スライド上をドラッグすると、テキストボックスが挿入されます。

❺ テキストボックス内にカーソルが表示されるので、文字を入力します。ここでは「いいえ」と入力します。

❻ テキストボックスをコピーし、「はい」と入力します。

会員登録されているか？

会員登録

いいえ

テキストボックスが作成された

予約処理

083

フローチャート

凡例を入れよう

最後に、フローチャートに凡例を入れましょう。「凡例」とは、地図やグラフなどで使われている記号についての説明のことです。凡例を入れると、フローチャートの閲覧者が記号の意味をわかりやすくなります。

凡例を作る

❶ フローチャートで使っている記号を描きます。

❷ 凡例もとの図形をクリックして選択し、

❸ <ホーム>タブの<書式のコピー>をクリックします。

> **MEMO　書式をコピーする**
>
> 図形をクリックして選択し、<ホーム>タブの<書式のコピー>をクリックすると、図形の色や線の太さなどがコピーされます。その後、ほかの図形をクリックすると、コピーした書式がその図形に適用されます。

❹ 凡例の図形をクリックすると、コピーもとの書式が適用されます。

❺ 手順を繰り返し、図形の書式を揃えます。

❻ Sec.082を参考にテキストボックスを配置し、説明文などを入力します。

凡例が作成された

開始／終了
処理
条件分岐

SECTION
084
フローチャート

接続できないコネクタを
きれいにつなげよう

図形に表示される接続点をクリックすると、線で図形どうしをつなぐことができます（Sec.081参照）。ただし、接続点は図形の四辺中央にしか表示されません。ほかの位置に線をつなげたい場合は、透明の図形を配置することで対処できます。

線をつなぐための図形を作成する

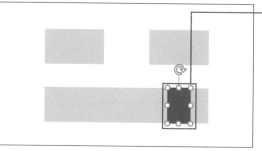

❶ 接続点を配置したい位置に図形を作成します。

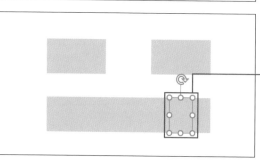

❷ 図形の色を＜塗りつぶしなし＞、枠線を＜枠線なし＞に設定すると、

❸ 図形が透明になります。

> **MEMO** **図形を透明にする**
>
> 図形を透明にするには、図形を選択し、＜書式＞タブ（もしくは＜図形の書式＞タブ）の＜図形の塗りつぶし＞で＜塗りつぶしなし＞、＜図形の枠線＞で＜枠線なし＞を選択します。

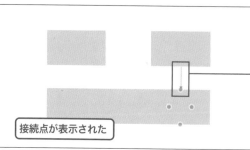

接続点が表示された

❹ 図形が透明なため見えませんが、図形そのものは配置されているため、接続点を利用できます。

第 **7** 章

見やすいグラフの作成

見やすいグラフとは

グラフは、線や四角形といった図形を使い、データを視覚化することでデータの比較や推移がわかりやすくなります。プレゼンテーションでよく使われますが、標準設定のままでは平凡でつまらないデザインになりがちです。閲覧者の関心を引くデザインに仕上げましょう。

シンプルなデザインにする

グラフは、文章のように読んで理解するものではありません。見て理解するものなので、ひと目でどのような情報なのかが伝わることが大切です。そのためには、必要な情報を大きく見せ、不要な情報をなくしてシンプルなデザインにします。グラフに使う色も、濃淡で表すなどして数を抑えると、すっきりとして見やすくなります。

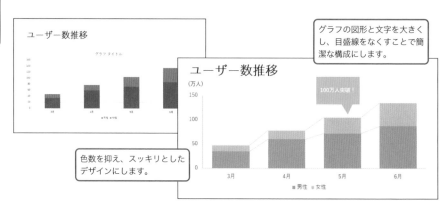

グラフの図形と文字を大きくし、目盛線をなくすことで簡潔な構成にします。

色数を抑え、スッキリとしたデザインにします。

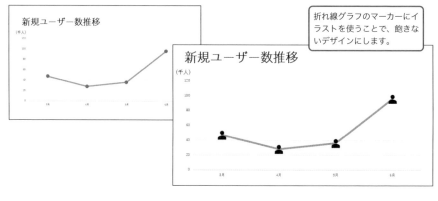

折れ線グラフのマーカーにイラストを使うことで、飽きないデザインにします。

左側余白：
第**6**章
第**7**章　グラフ
第**8**章
第**9**章
第**10**章

関連性や変化を見せる

グラフをわかりやすくするテクニックとして、関連する情報は近くに配置し、変化は大きく見せます。たとえば、凡例と対応する図形が離れていると、閲覧者は凡例が示す図形がどこにあるのかすぐにはわかりません。また、データの差が小さい場合は、グラフの変化がわかりにくくなります。最小値と最大値を調整するなどの工夫が必要です。

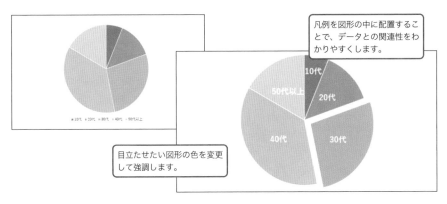

凡例を図形の中に配置することで、データとの関連性をわかりやすくします。

目立たせたい図形の色を変更して強調します。

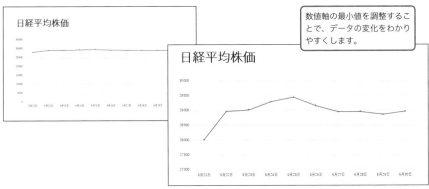

数値軸の最小値を調整することで、データの変化をわかりやすくします。

第6章

第7章
グラフ

第8章

第9章

第10章

✓ COLUMN

Excelで作成したグラフを挿入する

PowerPointは、WordやExcelなど、ほかのOfficeアプリとの連携機能に優れています。そのため、Excelで作成したグラフを挿入することもできます。Excelはグラフの作成が得意なので、活用しましょう（Sec.142参照）。

SECTION
086
縦棒グラフ

グラフを挿入しよう

スライドにグラフを挿入するには、＜コンテンツプレースホルダー＞の＜グラフの挿入＞を
クリックします。表示される画面でグラフの種類を選択すると、仮のグラフが挿入されるの
で、データを編集します。連動してグラフが変化するので、目的のグラフに仕上げます。

グラフを挿入する

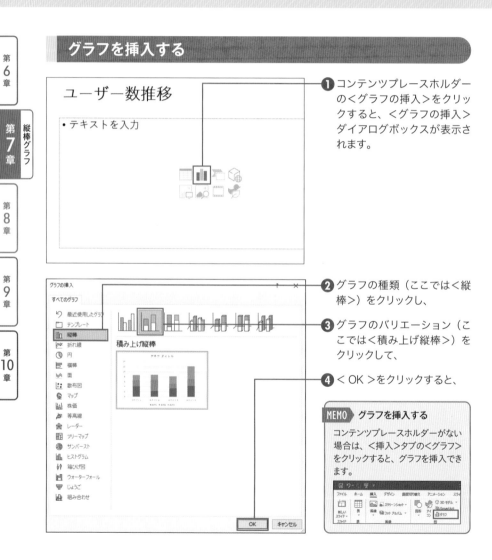

❶ コンテンツプレースホルダー
の＜グラフの挿入＞をクリッ
クすると、＜グラフの挿入＞
ダイアログボックスが表示さ
れます。

❷ グラフの種類（ここでは＜縦
棒＞）をクリックし、

❸ グラフのバリエーション（こ
こでは＜積み上げ縦棒＞）を
クリックして、

❹ ＜ OK ＞をクリックすると、

MEMO　グラフを挿入する

コンテンツプレースホルダーがない
場合は、＜挿入＞タブの＜グラフ＞
をクリックすると、グラフを挿入でき
ます。

144

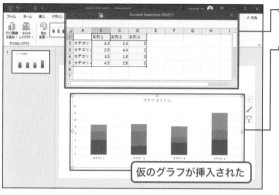

❺ データの編集画面が表示されます。

❻ 仮のグラフが挿入されます。

仮のグラフが挿入された

MEMO グラフの種類を変更する

グラフの種類を変更するには、グラフを選択し、<デザイン>タブ（もしくは<グラフのデザイン>タブ）の<グラフの種類の変更>をクリックします。<グラフの種類>ダイアログボックスが表示されるので、種類を選択して<OK>をクリックします。

第6章

グラフのデータを編集する

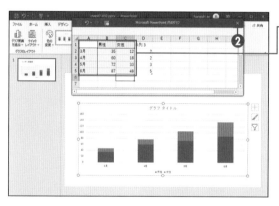

❶ データの編集画面でデータを編集すると、連動してグラフが変化します。

❷ <閉じる>をクリックすると、

MEMO グラフ化される領域

データの編集画面では、グラフ化される領域が青色の枠で囲まれます。枠を広げたり狭めたりすることで、グラフが連動して変化します。

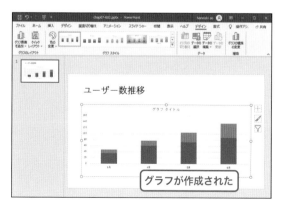

❸ データの編集画面が閉じます。

ユーザー数推移

グラフが作成された

MEMO データを修正する

グラフのデータを修正するには、グラフを選択し、<デザイン>タブ（もしくは<グラフのデザイン>タブ）の<データの編集>をクリックします。

SECTION

087

縦棒グラフ

太い棒グラフを作ろう

グラフを挿入すると、グラフには標準設定の色やサイズが設定され、グラフタイトルやラベルなどが表示されます。不要な要素は非表示にし、スライドに合わせて色を変更します。また、棒グラフの幅を大きくすることで、訴求力のあるグラフを作成できます。

グラフのデザインを調整する

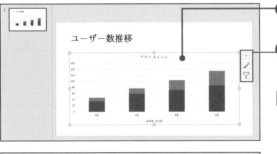

❶ グラフの領域をクリックすると、

❷ 右側にボタンが表示されます。

MEMO　要素の表示／非表示を切り替える

グラフの右側にボタンが表示される<グラフ要素>をクリックすると、グラフ要素の一覧が表示されます。要素名のチェックボックスをクリックし、チェックマークを外すと非表示になり、チェックマークを付けると表示されます。

❸ <グラフ要素>をクリックし、

❹ <グラフタイトル>のチェックマークを外すと、

❺ グラフタイトルが非表示になります。

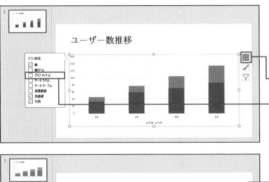

❻ <グラフスタイル>をクリックし、

❼ グラフのスタイル（ここでは<スタイル9>）をクリックすると、

❽ グラフのスタイルが変更されます。

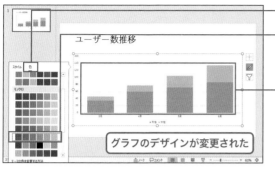

⑨ <色>をクリックし、

⑩ グラフの色（ここでは<モノクロ パレット6>）をクリックすると、

⑪ グラフの配色が変更されます。

> グラフのデザインが変更された

棒グラフの幅を調整する

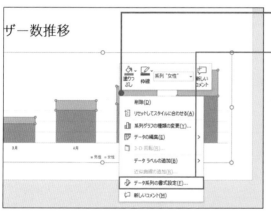

① 縦棒グラフの棒を右クリックし、

② <データ系列の書式設定>をクリックすると、

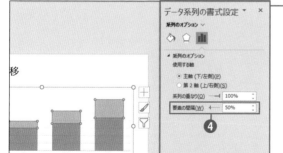

③ <データ系列の書式設定>作業ウィンドウが表示されます。

④ <要素の間隔>の数値を小さくすると、棒がより太くなります。

MEMO 棒グラフの重なりを調整する

手順❹で<系列の重なり>の数値を変更すると、棒グラフの重なりを変更できます。なお、グラフによって重なり方は異なりますが、積み上げ棒グラフの場合、数値を小さくすると、上下の棒が離れます。

SECTION 088

縦棒グラフ

文字を書き込んだ
グラフを作ろう

グラフによっては、データの単位や注釈が必要なことがあります。グラフを挿入したときに表示されない文字は、テキストボックスを使うことで対処します。また、データの一部にコメントなどを追加したい場合は、吹き出しを利用すると効果的です。

第6章

第7章 縦棒グラフ

第8章

第9章

第10章

グラフに文字を追加する

❶ <挿入>タブをクリックし、

❷ <図形>をクリックして、

❸ <テキストボックス>をクリックします。

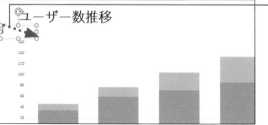

❹ スライド上をドラッグすると、テキストボックスが作成されます。

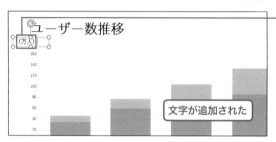

❺ 文字を入力します。

文字が追加された

MEMO テキストボックス

「テキストボックス」は、文字を入力するための図形です。横書き用の「テキストボックス」と、縦書き用の「縦書きテキストボックス」の2種類があります（Sec.124参照）。

グラフに吹き出しを追加する

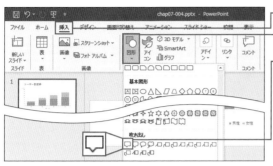

① <挿入>タブをクリックし、

② <図形>をクリックして、

③ 吹き出し（ここでは<吹き出し：四角形>）をクリックします。

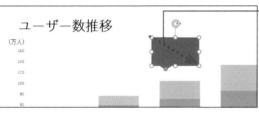

④ スライド上をドラッグすると、吹き出しが作成されます。

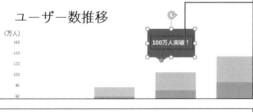

⑤ 文字を入力し、書式（ここでは太字）を設定します。

MEMO 吹き出し

スライドには、吹き出しの図形を挿入できます。グラフの特定のデータ付近に配置し、コメントなどを追加すると、閲覧者の注目を集めることができます。吹き出しについての詳細は、Sec.022を参照してください。

⑥ 調整ハンドルをドラッグし、吹き出しの矢印の位置を調整します。

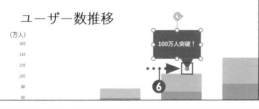

⑦ スタイルを変更し、吹き出しの色を設定します。

第6章
縦棒グラフ
第7章
第8章
第9章
第10章

SECTION 089 縦棒グラフ

区分線を追加して比較 しやすいグラフを作ろう

スライドの情報は、ひと目で理解できることが大切です。「積み上げ縦棒グラフ」や「100% 積み上げ縦棒グラフ」では、区分線を表示して、割合の変化をわかりやすくしましょう。区 分線を表示するには、<デザイン>タブからグラフ要素を追加します。

区分線を表示する

❶ グラフの領域をクリックし、

MEMO　グラフの要素を追加する

グラフタイトルやデータラベルなど、よく使われるグラフの要素は、グラフを選択すると右側に表示される<グラフ要素>から追加できます（Sec.087参照）。このとき、一覧にない要素は、<デザイン>タブ（もしくは<グラフのデザイン>タブ）の<グラフ要素を追加>をクリックすると表示される一覧から追加できます。

❷ <デザイン>タブ（もしくは <グラフのデザイン>タブ） の<グラフ要素を追加>をク リックし、

❸ <線>をクリックして、

❹ <区分線>をクリックすると、

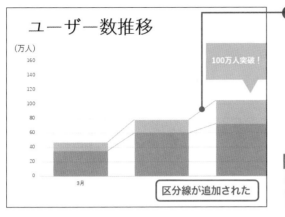

⑤ 区分線が追加されます。

区分線が追加された

MEMO 区分線を削除する

区分線を削除するには、手順**④**で
<なし>をクリックします。

区分線の色を変更する

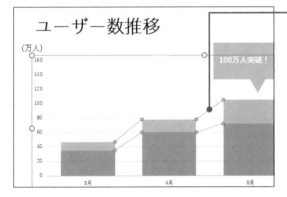

① 区分線をクリックして選択し、

MEMO 区分線の種類を変更する

区分線は、通常の線と同様の手順
で種類を変更できます（Sec.016
参照）。

② <書式>タブをクリックして、

③ <図形の枠線>をクリックし、

④ 色（ここでは<緑、アクセン
ト6、白+基本色40%>）を
クリックすると、区分線の色
が変更されます。

目盛線と軸を調整しよう

標準設定のグラフには、目盛線が表示されます。しかし、目盛線が多いとグラフに重なり、煩雑な印象になりかねません。思い切って非表示にすることで、シンプルなグラフを作成できます。また、軸の数値や凡例の文字のサイズも小さいので、大きくして見やすくします。

目盛線を非表示にして縦軸を表示する

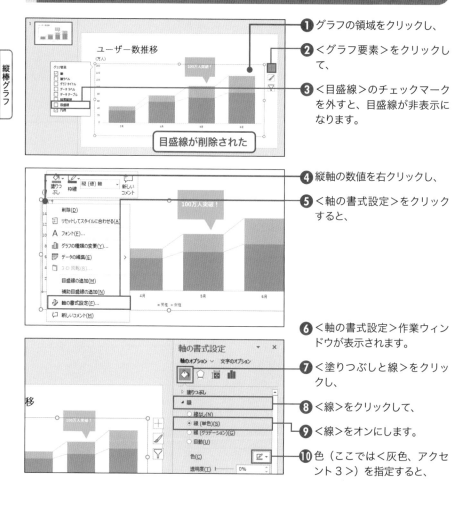

❶ グラフの領域をクリックし、

❷ <グラフ要素>をクリックして、

❸ <目盛線>のチェックマークを外すと、目盛線が非表示になります。

目盛線が削除された

❹ 縦軸の数値を右クリックし、

❺ <軸の書式設定>をクリックすると、

❻ <軸の書式設定>作業ウィンドウが表示されます。

❼ <塗りつぶしと線>をクリックし、

❽ <線>をクリックして、

❾ <線>をオンにします。

❿ 色（ここでは<灰色、アクセント3>）を指定すると、

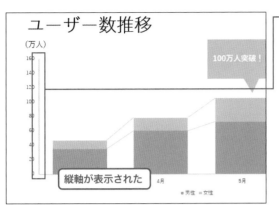

⓫ 縦軸が設定されます。

MEMO 縦軸の最小値／最大値を変更する

縦軸の数値の最小値／最大値は変更できます。データの差が小さい場合などは、最小値と最大値の差を小さくすることで、変化がわかりやすくなります（Sec.095参照）。

軸の文字のサイズを変更する

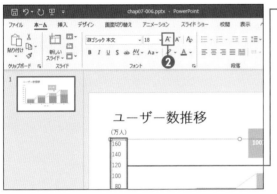

① 縦軸の数値をクリックして選択し、

② <ホーム>タブの<フォントサイズの拡大>を数回クリックすると、文字のサイズが段階的に拡大されます。

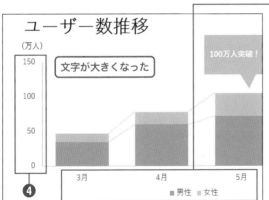

③ 同様の手順で横軸や凡例の文字のサイズを変更します。

④ 連動してグラフのサイズが調整され、縦軸の数値も変更されます。

MEMO グラフのサイズが調整される

グラフ要素の文字のサイズを拡大すると、文字が近づきすぎて読みにくくなることがあります。PowerPointでは、文字が重ならないように自動的にグラフのサイズが変更されます。

SECTION
091
凡例の変更

凡例が見やすい
グラフを作ろう

グラフを挿入すると、凡例が表示されます。ただし、グラフによっては、データと凡例が離れているため対応関係がわかりにくいことがあります。もともとの凡例を削除し、グラフに重なるデータラベルを凡例に変更すると、対応関係がわかりやすくなります。

データラベルを凡例に変更する

① 円グラフの下部に凡例が表示されています。ただし、具体的な対応関係がすぐにはわかりません。

MEMO　凡例

「凡例」とは、グラフの図形が意味するデータを示す名前のことです。たとえば、棒グラフの棒がどのようなデータを表しているかを示します。

② グラフの領域をクリックし、

③ 右側に表示される<グラフ要素>をクリックして、

④ <凡例>のチェックマークを外すと、凡例が非表示になります。

⑤ <データラベル>にチェックマークを付けると、データラベルが表示されます。

⑥ データラベルを右クリックし、

⑦ <データラベルの書式設定>をクリックすると、

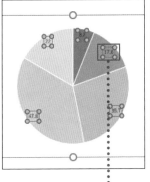

❽＜データラベルの書式設定＞
作業ウィンドウが表示されま
す。

> **MEMO** **作業ウィンドウを閉じる**
>
> 作業ウィンドウを閉じるには、右上
> の＜閉じる＞（×印）をクリックしま
> す。

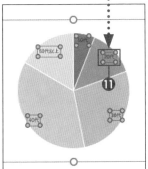

❾＜値＞のチェックマークを外
し、

❿＜分類名＞にチェックマーク
を付けると、

⓫データラベルが凡例（分類
名）に変更されます。

⓬＜ホーム＞タブから文字の書
式を設定します。ここでは、
フォントサイズ＝ 18、文字の
色＝白色、太字を設定しまし
た。

⓭凡例とデータの対応関係がわ
かりやすくなりました。

凡例が見やすくなった

> **MEMO** **特定の要素の書式を変更する**
>
> 左の手順では、すべての凡例が選
> 択された状態で書式を変更してい
> ます。特定の凡例を目立たせたい
> 場合、目的の凡例をクリックして選
> 択すると、該当する凡例の書式だ
> けを変更できます。

SECTION 092

円グラフ

目立たせたい部分を切り出した円グラフを作ろう

グラフは、複数の図形から構成されています。そのため、通常の図形と同様、移動したり、色を変更したりできます。グラフの一部を強調したい場合は、目立たせたい部分を移動して切り離したり、ほかの図形と異なる色を設定したりすると効果的です。

第6章

第7章　円グラフ

第8章

第9章

第10章

グラフの一部を選択する

❶ グラフを構成する図形をクリックすると、

❷ グラフを構成するすべての図形が選択されます。

MEMO　グラフを拡大／縮小する

グラフを拡大／縮小するには、グラフの領域をクリックしてグラフ全体（プロットエリア）を選択し、四隅および四辺中央に表示されるサイズ変更ハンドルをドラッグします。グラフを構成する特定の図形だけを拡大／縮小することはできません。

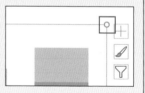

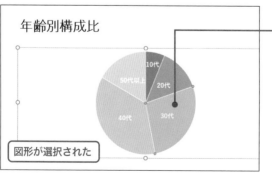

図形が選択された

❸ そのまま図形の１つをクリックすると、

❹ その図形だけが選択されます。

グラフの一部を目立たせる

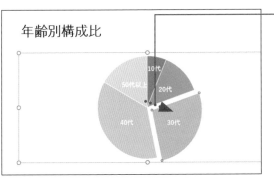

年齢別構成比

① 選択された図形をドラッグすると、

② 図形がグラフから切り離されます。

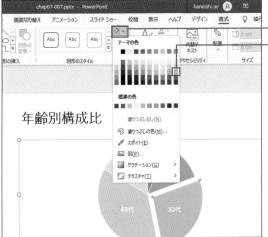

年齢別構成比

③ <書式>タブの<図形の塗りつぶし>をクリックし、

④ 色（ここでは<緑、アクセント6、白+基本色40%>）をクリックすると、

> **MEMO** グラフの色を変更する
>
> グラフ全体の色は、グラフを選択すると右側に表示されるボタンから変更できます（Sec.087参照）。グラフを構成する特定の図形の色を変更したい場合は、左の手順に従います。

⑤ 図形の色が変更されます。

> **MEMO** もとに戻す
>
> 目立たせた部分の色をもとに戻すには、<書式>タブの<リセットしてスタイルに合わせる>をクリックします。なお、色はもとに戻せますが、移動はもとに戻せないので注意が必要です。
>
>

年齢別構成比

グラフの一部の書式が変更された

第6章

第7章
円グラフ

第8章

第9章

第10章

SECTION 093

折れ線グラフ

マーカーをイラストにして折れ線グラフを作ろう

折れ線グラフのマーカーは、標準設定では丸印です。そのままでは味気ないので、イラストに変更してみましょう。ここでは、PowerPointにあらかじめ用意されているアイコン（Sec.047参照）を利用します。パソコンに保存されているイラストを利用することもできます。

マーカーをアイコンに変更する

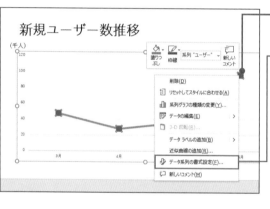

❶ マーカー付き折れ線グラフのマーカーを右クリックし、

❷ ＜データ系列の書式設定＞をクリックすると、

MEMO　アイコン

PowerPointでは、人物や建物などのアイコンを利用できます。マイクロソフト社が配布している素材で、無料です。ただし、アイコンを挿入する際は、パソコンがインターネットに接続されている必要があります。アイコンについての詳細は、第4章を参照してください。

❸ ＜データ系列の書式設定＞作業ウィンドウが表示されます。

❹ ＜塗りつぶしと線＞をクリックし、

❺ ＜マーカー＞をクリックして、

❻ ＜塗りつぶし＞をクリックします。

❼ ＜塗りつぶし（図またはテクスチャ）＞をクリックし、

❽ ＜挿入する＞をクリックします。

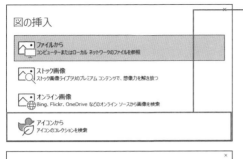

図の挿入

ファイルから
コンピューターまたはローカル ネットワークのファイルを参照

ストック画像
ストック画像ライブラリのプレミアム コンテンツで、想像力を解き放つ

オンライン画像
Bing, Flickr, OneDrive などのオンライン ソースから画像を検索

アイコンから
アイコンのコレクションを検索

9 <アイコンから>をクリック
し、

> MEMO **アイコン以外の画像を使う**
>
> パソコンに保存されている画像を使
> 用する場合は、手順**8**で<ファイ
> ルから>をクリックします。<図の
> 挿入>ダイアログボックスが表示さ
> れるので、画像の保存場所を指定
> し、<開く>をクリックします。

画像　アイコン　人物の切り絵　ステッカー　イラスト

人物

動物　　ビジネス　　グラフ　　人物　　衣料品

挿入(I)　　キャンセル

10 アイコンの種類（ここでは<
人物>）をクリックして、

11 マーカーに使うアイコンをク
リックし、

12 <挿入>をクリックすると、

新規ユーザー数推移

(千人)
120
100
80
60
40
20
0

3月　　　　4月

マーカーが変更された

13 マーカーがアイコンに変更さ
れます。

✔ COLUMN

マーカーのサイズを変更する

マーカーのサイズを変更するには、<データ系列の書
式設定>作業ウィンドウの<マーカーのオプション>
をクリックし、<組み込み>をクリックして、<サイ
ズ>に数値を入力します。

データ系列の書式設定

系列のオプション

線　マーカー

マーカーのオプション
自動(U)
なし(O)
組み込み
種類
サイズ　42

SECTION

094

マップグラフ

塗り分けマップグラフを作ろう

PowerPoint 2019以降には、マップグラフという特別な地図が搭載されています。人口や気温、面積などのデータを入力すると、該当する世界各国や日本の地域が塗り分けられるため、データを視覚的に比較できます。地図を自分で作る必要がないため便利です。

マップグラフを挿入する

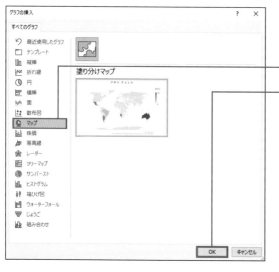

❶ コンテンツプレースホルダーの<グラフの挿入>をクリックし、

❷ <マップ>をクリックして、

❸ < OK >をクリックすると、

MEMO インターネットが必要

マップグラフを挿入するには、パソコンがインターネットに接続されている必要があります。挿入後は、インターネットに接続されていなくてもかまいません。なお、初回使用時は画面の指示に従ってBingマップの使用を許可してください。

❹ 仮のマップグラフが挿入されます。

❺ データの編集画面でデータを編集し、

❻ <閉じる>をクリックします。

マップグラフが挿入された

MEMO マップグラフを正しく表示する

マップグラフは、データを編集しても自動的には反映されません。右ページの手順でデータ系列の書式を調整すると、正しく表示されます。

マップグラフの該当地域を表示する

地方の人口比較

① 地図を右クリックし、

② <データ系列の書式設定>を
クリックすると、

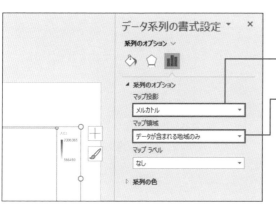

③ <データ系列の書式設定>作
業ウインドウが表示されます。

④ <マップ投影>で<メルカト
ル>を指定し、

⑤ <マップ領域>で<データが
含まれる地域のみ>を指定す
ると、

東北地方の人口比較

該当地域が表示された

⑥ 該当地域が表示されます。

数値軸を調整して見やすくしよう

グラフによっては、データの差が小さいため、変化がわかりにくいことがあります。このような場合、数値軸（縦軸）の最小値を変更し、最大値との差を小さくすることで対処できます。数値軸の最小値は、＜軸の書式設定＞作業ウィンドウから設定できます。

数値軸の最小値を変更する

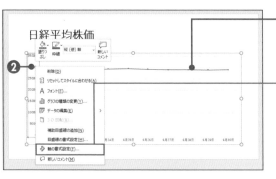

① 数値の差が小さいため、変化がわかりません。

② 数値軸の数値を右クリックし、

③ ＜軸の書式設定＞をクリックすると、

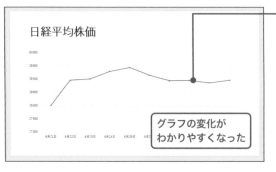

④ ＜軸の書式設定＞作業ウィンドウが表示されます。

⑤ ＜最小値＞に最小値に設定したい数値を入力すると、

⑥ 最大値との差が小さくなり、グラフの変化がわかりやすくなります。

グラフの変化がわかりやすくなった

第6章

第7章 数値軸の調整

第8章

第9章

第10章

第 8 章

表紙や見出しに使える文字の作成

表紙をワードアートで目立たせよう

「ワードアート」とは、文字の色や縁取り、立体の効果などの書式が設定されている飾り文字のことです。見た目は図形のような文字ですが、通常の文字として編集できるため、修正したり、流用してほかの文字に書き換えたりすることができます。

ワードアートとは

通常の文字

PowerPoint

ワードアートの例

PowerPoint

PowerPoint

PowerPoint

PowerPoint

PowerPoint

MEMO ワードアート

「ワードアート」は、絵画（アート）のような文字・言葉（ワード）のことです。グラデーションや縁取り、影などが設定されているため、きれいで目立ちます。すでに入力されている文字をワードアートに変換できるほか、仮のワードアートを挿入してから文字を書き換えることもできます。

MEMO 使いすぎに注意

ワードアートは、きれいで目立つ文字をすぐに作成できるため便利です。ただし、配置しすぎると、スライドの印象が煩雑になり、重要な部分が曖昧になってしまいます。表紙のスライドや、とくに強調したい部分に絞って配置することがポイントです。

タイトルをワードアートに変換する

❶ 表紙のスライドを作成します。

MEMO テーマによって異なる

表紙のスライドのデザインは、テーマによって異なります。ここでは、スライドのテーマに「ファセット」を設定しています。

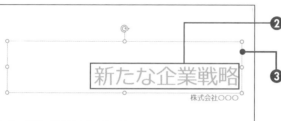

❷ タイトルの文字をクリックすると、プレースホルダーの枠が表示されます。

❸ 枠をクリックして選択し、

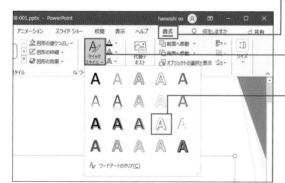

❹ <書式>タブ（もしくは<図形の書式>タブ）をクリックして、

❺ <クイックスタイル>をクリックし、

❻ ワードアートのスタイル（ここでは<塗りつぶし：白；輪郭：濃い緑、アクセントカラー2；影（ぼかしなし）：濃い緑、アクセントカラー2>）をクリックすると、

ワードアートに変換された

❼ 文字がワードアートに変換されます。

MEMO 通常の文字に戻す

ワードアートに変換した文字をもとの文字に戻すには、手順❻で<ワードアートのクリアン>をクリックします。

SECTION

097

ワードアート

ワードアートの
文字を入力しよう

Sec.096では、すでに入力されている文字をワードアートに変換しました。ここでは、仮の
ワードアートを挿入し、あとから文字を書き換えます。ワードアートは、縁取りや影などが
設定されているため図形のような印象がありますが、通常の文字として編集できます。

ワードアートを挿入する

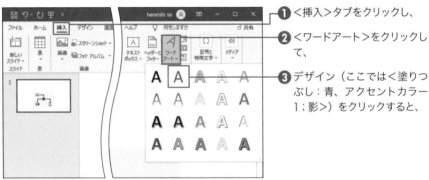

① <挿入>タブをクリックし、

② <ワードアート>をクリックして、

③ デザイン（ここでは<塗りつぶし：青、アクセントカラー1；影>）をクリックすると、

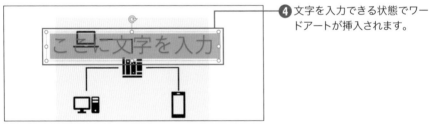

④ 文字を入力できる状態でワードアートが挿入されます。

⑤ 文字を入力します。

ワードアートが挿入された

MEMO	ワードアートを削除する

ワードアートを削除するには、ワードアートの枠をクリックして選択し、Deleteキーを押します。

ワードアートを移動する

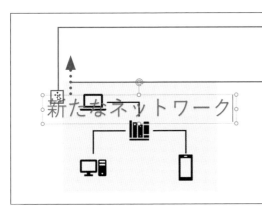

❶ ワードアートの枠にマウスポインターを合わせ、

❷ ドラッグすると、

> **MEMO** ワードアートをコピーする
> Ctrl キーを押しながらワードアートを移動すると、移動先にワードアートをコピーできます。

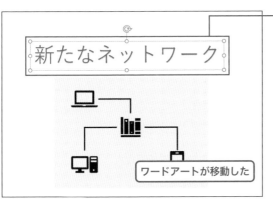

ワードアートが移動した

❸ ワードアートが移動します。

> **MEMO** ワードアートを拡大・縮小する
> ワードアートを拡大・縮小するには、ワードアートの四隅および四辺中央に表示されるサイズ変更ハンドルをドラッグします。ただし、枠のサイズが変更されるだけ文字のサイズは変わりません。ドラッグ操作でワードアートの文字のサイズを変更するには、変型効果の<四角>を設定する必要があります（Sec.100参照）。

✓ COLUMN

ワードアートを選択する

ワードアートに書式や効果を設定するには、ワードアートを選択する必要があります。ワードアートをクリックすると、ワードアート内にカーソルが表示され、ワードアートの枠が破線で表示されます。この状態のときはワードアートは選択されていません（右上図）。文字を編集できる状態なので注意が必要です。破線の枠をクリックすると、ワードアートが選択され、枠が実線で表示されます（右下図）。

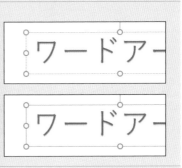

SECTION
098
ワードアート

ワードアートの
スタイルを変更しよう

ワードアートのスタイル（書式の組み合わせ）は、あとから変更できます。スタイルに設定されているフォントの種類や色などを変更することもできます。フォントの種類は、太いほうが見栄えのする傾向にあります。スライドのデザインに合わせて調整しましょう。

ワードアートの文字の書式を変更する

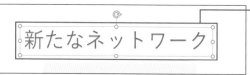

❶ ワードアートの枠をクリックしてワードアートを選択し、

❷ ＜ホーム＞タブをクリックして、

❸ フォントの種類（ここでは＜ HGS 創英角ゴシック UB ＞）を選択すると、

❹ フォントの種類が変更されます。

MEMO　ワードアートの文字の書式

ワードアートの文字は、通常の文字と同様、＜ホーム＞タブのボタンからフォントの種類やサイズ、色などを変更できます。

フォントが変更された

✓ COLUMN

ミニツールバーを利用する

ワードアートの文字を選択すると、付近にミニツールバーが表示されます。ここから文字の書式を設定することもできます。

ワードアートのスタイルを変更する

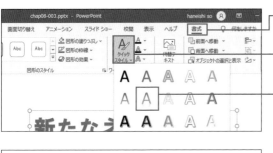

① <書式>タブ（もしくは<図形の書式>タブ）をクリックし、

② <クイックスタイル>をクリックして、

③ スタイル（ここでは<塗りつぶし（グラデーション）: 青、アクセントカラー5; 反射>）をクリックすると、

④ スタイルが変更されます。

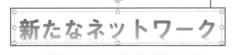

⑤ <文字の塗りつぶし>をクリックし、

⑥ 色（ここでは<ゴールド、アクセント4、白＋基本色40%>）をクリックすると、

⑦ ワードアートの文字の色が変更されます。

スタイルが変更された

第6章

第7章

ワードアート 第8章

第9章

第10章

✓ COLUMN

一部のスタイルを変更する

ここではワードアート全体のスタイルを変更しました。ワードアートの文字の一部を選択し、ここでの手順に従うと、選択した部分のスタイルのみを変更できます。

新たな**ネットワーク**

SECTION 099
ワードアート

ワードアートに立体などの効果を加えよう

ワードアートには、影や光彩、遠近感といった視覚効果を設定できます。文字に立体感や光沢感が加わり、通常の文字よりも表現力のある文字を作成できます。効果を設定しても、文字であることに変わりはないので、あとから文字を修正できます。

ワードアートに影の効果を設定する

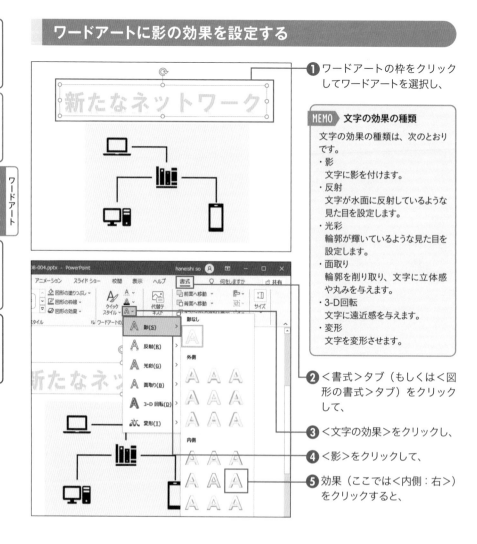

❶ ワードアートの枠をクリックしてワードアートを選択し、

> **MEMO　文字の効果の種類**
>
> 文字の効果の種類は、次のとおりです。
> ・影
> 　文字に影を付けます。
> ・反射
> 　文字が水面に反射しているような見た目を設定します。
> ・光彩
> 　輪郭が輝いているような見た目を設定します。
> ・面取り
> 　輪郭を削り取り、文字に立体感や丸みを与えます。
> ・3-D回転
> 　文字に遠近感を与えます。
> ・変形
> 　文字を変形させます。

❷ ＜書式＞タブ（もしくは＜図形の書式＞タブ）をクリックして、

❸ ＜文字の効果＞をクリックし、

❹ ＜影＞をクリックして、

❺ 効果（ここでは＜内側：右＞）をクリックすると、

6 ワードアートに影の効果が設定されます。

効果が設定された

ワードアートに立体の効果を設定する

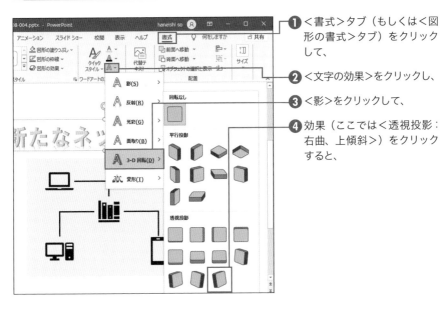

1 ＜書式＞タブ（もしくは＜図形の書式＞タブ）をクリックして、

2 ＜文字の効果＞をクリックし、

3 ＜影＞をクリックして、

4 効果（ここでは＜透視投影：右曲、上傾斜＞）をクリックすると、

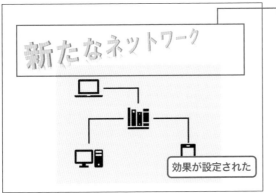

5 ワードアートに 3-D 回転の効果が設定されます。

効果が設定された

> **MEMO** 文字の効果を解除する
>
> 文字の効果を解除するには、効果の一覧の最上部に表示される＜○○なし＞をクリックします。たとえば影の効果の場合は＜影なし＞を、3-D回転の場合は＜回転なし＞をクリックします。

171

100

ワードアート

ワードアートの一部の
文字を拡大／縮小しよう

ここでは、ワードアートの一部の文字を拡大します。文字に動きが加わり、躍動感を表現できます。また、ワードアートに変形効果を設定すると、ワードアートの文字を図形のように拡大／縮小できるようになります。

ワードアートの一部の文字を縮小する

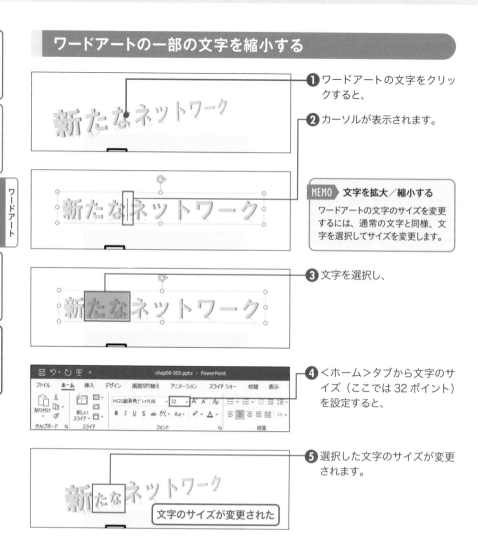

❶ ワードアートの文字をクリックすると、

❷ カーソルが表示されます。

> **MEMO** 文字を拡大／縮小する
> ワードアートの文字のサイズを変更するには、通常の文字と同様、文字を選択してサイズを変更します。

❸ 文字を選択し、

❹ ＜ホーム＞タブから文字のサイズ（ここでは 32 ポイント）を設定すると、

❺ 選択した文字のサイズが変更されます。

文字のサイズが変更された

172

ワードアートの文字を変形する

① ワードアートのサイズ変更ハンドルをドラッグすると、

② 枠のサイズが変更されるだけで文字のサイズは変わりません。

MEMO 文字を変形する

通常の図形の場合、サイズ変更ハンドルをドラッグすると拡大／縮小できます（Sec.026参照）。ワードアートの場合、サイズ変更ハンドルをドラッグすると、枠のサイズが変更されるだけで、文字は拡大／縮小されません。文字を図形のように自由に拡大／縮小したい場合は、変形効果の<四角>を設定します。

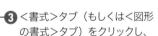

③ <書式>タブ（もしくは<図形の書式>タブ）をクリックし、

④ <文字の効果>をクリックして、

⑤ <変形>をクリックし、

⑥ <四角>をクリックすると四角の変形効果が設定されます。

⑦ ワードアートのサイズ変更ハンドルをドラッグすると、枠のサイズに連動して文字も拡大／縮小されます。

文字のサイズが変更された

SECTION

101

文字の作成

白抜き文字を作ろう

「白抜き文字」とは、図形や写真に白色の文字を重ね、図形や写真が白色の文字で切り抜かれたような印象を与える文字のことです。標準設定では、図形に文字を入力すると文字の色が白色になりますが、ここでは、図形にテキストボックスを重ねる方法を紹介します。

白抜き文字を作成する

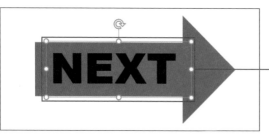

❶ ブロック矢印に、「NEXT」と入力したテキストボックスを重ねています。

❷ テキストボックスを選択し、

> **MEMO** ブロック矢印
>
> ブロック矢印は、矢印の形の図形です（Sec.011参照）。

> **MEMO** テキストボックス
>
> テキストボックスは、文字を入力するための図形です（Sec.082参照）。

❸ ＜書式＞タブ（もしくは＜図形の書式＞タブ）をクリックして、

❹ ＜文字の塗りつぶし＞をクリックし、

❺ ＜白、背景１＞をクリックすると、

❻ 文字の色が白色に変更されます。

白抜き文字が作成された

白抜き文字に影の効果を設定する

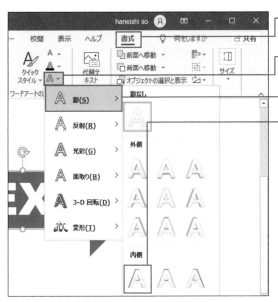

① <書式>タブ（もしくは<図形の書式>タブ）をクリックし、

② <文字の効果>をクリックして、

③ <影>をクリックし、

④ 効果（ここでは<内側：左上>）をクリックすると、

> **MEMO** 背景の色を濃くする
>
> 白抜き文字は、文字を目立たせる手段として効果的な方法のひとつです。ただし、背景の色が薄いと見えにくくなってしまいます。袋文字（Sec.102参照）や光彩（Sec.105参照）を設定することで対処できますが、基本的には濃い色に重ねることをおすすめします。

⑤ 文字に影の効果が設定されます。

効果が設定された

第6章

第7章

第8章 文字の作成

第9章

第10章

✔ COLUMN

図形に文字を入力する

図形に文字を入力する（Sec.021参照）と、文字の色が白色になります。白抜き文字を手っ取り早く作成したいときは効率的です。ただし、文字の位置を調整したり、文字にだけ効果を設定したりすることはできません。テキストボックスを使うと、テキストボックスを移動したり、文字にだけ効果を設定したりすることができます。目的に応じて使い分けましょう。

袋文字を作ろう

「袋文字」とは、輪郭線だけの文字のことです。「縁取り文字」ともいいます。図形や写真に袋文字を重ねると、文字の部分は輪郭線を残して背景が見えることになります。袋文字を作成するには、文字の色を削除し、枠線の色と太さを設定します。

文字の色を削除する

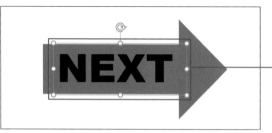

❶ ブロック矢印に、「NEXT」と入力したテキストボックスを重ねています。

❷ テキストボックスを選択し、

❸ <書式>タブ（もしくは<図形の書式>タブ）をクリックして、

❹ <文字の塗りつぶし>をクリックし、

❺ <塗りつぶしなし>をクリックすると、

> **MEMO　文字の色を変更する**
>
> <書式>タブには、<文字の塗りつぶし>のほかに<図形の塗りつぶし>もあります。そちらを設定すると、文字ではなくテキストボックスの色が変わってしまうので注意が必要です。

❻ 文字の色が削除されます。

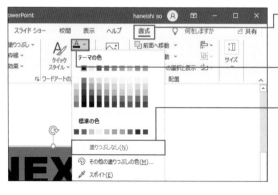

文字の色が削除された

文字の輪郭線を設定する

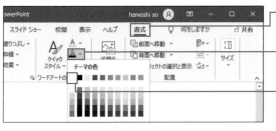

① <書式>タブ（もしくは<図形の書式>タブ）をクリックして、

② <文字の輪郭>をクリックし、

③ 輪郭線の色（<白、背景1＞をクリックすると、

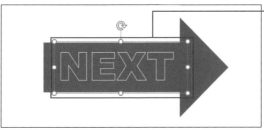

④ 輪郭線の色が設定されます。

第6章

第7章

文字の作成 第8章

第9章

第10章

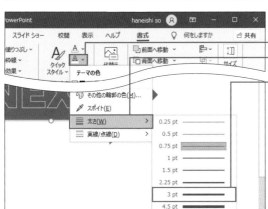

⑤ 再度<文字の輪郭>をクリックし、

⑥ <太さ>をクリックして、

⑦ 輪郭線の太さ（ここでは<3pt＞）をクリックすると、

⑧ 輪郭線の太さが設定されます。

文字の輪郭線が設定された

> **MEMO** 光彩を設定する
>
> ここでは、輪郭線を設定して袋文字を作成しています。光彩の効果を使って作成することもできます（Sec.105参照）。

SECTION
103
文字の作成

グラデーションのかかった文字を作ろう

文字には、図形と同様にグラデーションを設定できます。図やグラフのタイトルにグラデーションを設定すると、変化や推移を印象づけることができます。グラデーションの色は、図形の色にもとづいて設定されますが、あとから変更することもできます。

第
6
章

第
7
章

第
8
章　文字の作成

第
9
章

第
10
章

文字にグラデーションを設定する

❶ テキストボックスに文字を入力しています。テキストボックスを選択し、

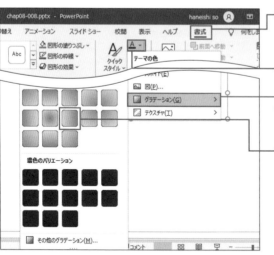

❷ ＜書式＞タブ（もしくは＜図形の書式＞タブ）をクリックして、

❸ ＜文字の塗りつぶし＞をクリックし、

❹ ＜グラデーション＞をクリックして、

❺ グラデーションの種類（ここでは＜左方向＞）をクリックすると、

> **MEMO** 図形にグラデーションを設定する
> 図形にグラデーションを設定する方法については、Sec.020を参照してください。

❻ 文字にグラデーションが設定されます。

グラデーションが設定された

グラデーションの角度と色を変更する

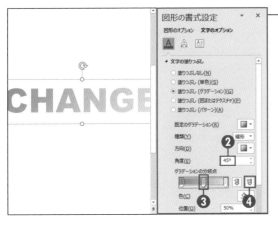

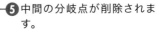

グラデーションが変更された

❶ 左ページの手順❺で＜その他のグラデーション＞をクリックすると、＜図形の書式設定＞作業ウィンドウが表示されます。

❷ ＜角度＞にグラデーションの角度（ここでは「45」）を入力します。

❸ ＜グラデーションの分岐点＞にある中間の分岐点をクリックし、

❹ ＜グラデーションの分岐点を削除します＞をクリックすると、

❺ 中間の分岐点が削除されます。

❻ 左側の分岐点をクリックし、

❼ ＜色＞で＜黄＞を選択します。

❽ 右側の分岐点をクリックし、

❾ ＜色＞で＜緑＞を指定すると、

❿ グラデーションの角度と色が変更されます。

> **MEMO** 種類を変更する
>
> グラデーションの種類を変更するには、手順❶の画面の＜種類＞から種類を選択します。

SECTION 104

文字の作成

金属のような質感のある
文字を作ろう

金属のような質感のある文字を作成するには、文字にグラデーションと面取りの効果を設定します。シャープで未来感のある文字を作成できます。布地や木目などの質感を表現できるテクスチャを設定することも可能です。

文字にグラデーションを設定する

❶ テキストボックスに文字を入力しています。テキストボックスを選択し、

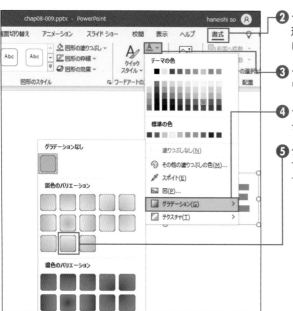

❷ ＜書式＞タブ（もしくは＜図形の書式＞タブ）をクリックして、

❸ ＜文字の塗りつぶし＞をクリックし、

❹ ＜グラデーション＞をクリックして、

❺ グラデーションの種類（ここでは＜上方向＞）をクリックすると、

⑥ 文字にグラデーションが設定されます。

グラデーションが設定された

文字に面取りの効果を設定する

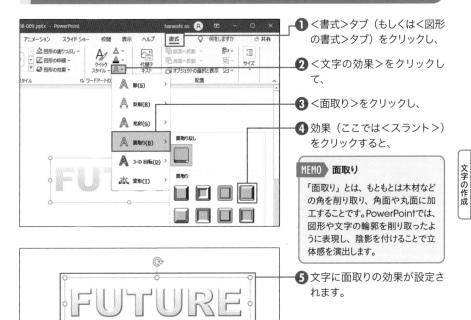

① <書式>タブ（もしくは<図形の書式>タブ）をクリックし、

② <文字の効果>をクリックして、

③ <面取り>をクリックし、

④ 効果（ここでは<スラント>）をクリックすると、

MEMO 面取り
「面取り」とは、もともとは木材などの角を削り取り、角面や丸面に加工することです。PowerPointでは、図形や文字の輪郭を削り取ったように表現し、陰影を付けることで立体感を演出します。

⑤ 文字に面取りの効果が設定されます。

効果が設定された

✅ COLUMN

文字にテクスチャを設定する

「テクスチャ」とは、布地や木目などの質感を表現するための画像のことです。テクスチャを設定するには、左ページの手順④で<テクスチャ>をクリックすると表示される一覧から目的のテクスチャを選択します。

デニム生地のテクスチャを設定した例

ネオンのような光彩のある文字を作ろう

文字に光彩の効果を設定すると、発光しているような文字を作成できます。ここでは袋文字（Sec.102参照）を使いますが、文字の色を変更したり、面取りの効果（Sec.104参照）を組み合わせたりすると印象も変わります。スライドに合わせていろいろ試してみましょう。

文字に光彩の効果を設定する

❶ 袋文字を作成し、文字の輪郭線の色を＜薄い青＞、太さを＜1.5pt＞に設定します。

> **MEMO　袋文字を作成する**
>
> 袋文字を作成するには、文字の塗りつぶしを＜塗りつぶしなし＞に設定し、輪郭線の色と太さを設定します（Sec.102）参照。

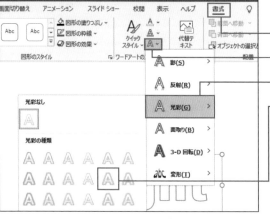

❷ ＜書式＞タブをクリックして、

❸ ＜文字の効果＞をクリックし、

❹ ＜光彩＞をクリックして、

❺ 効果（ここでは＜光彩：8pt；青、アクセントカラー5）をクリックすると、

❻ 文字に光彩の効果が設定されます。

⑦ 背景に黒色の長方形を配置します。

光彩のある文字が作成された

光彩の書式を変更する

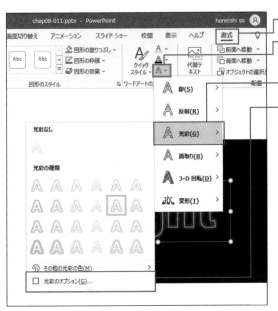

① ＜書式＞タブをクリックし、

② ＜文字の効果＞をクリックして、

③ ＜光彩＞をクリックし、

④ ＜光彩のオプション＞をクリックすると、

> **MEMO** その他の色を設定する
>
> 選択できる光彩の色は、テーマによって異なります。一覧に目的の色がない場合は、手順④で＜その他の光彩の色＞をクリックし、表示される画面で目的の色をクリックします。

⑤ ＜図形の書式設定＞作業ウィンドウが表示されます。

⑥ ＜光彩＞の＜サイズ＞と＜透明度＞に数値を入力すると、効果の書式を変更できます。

図形で囲んだ
囲み文字を作ろう

「囲み文字」とは、1つの文字を図形や枠で囲んだ文字のことです。図形を選択すると、キーボードから文字を直接入力できるので、囲み文字をすぐに作成できます。文字が読みにくい場合は、色やサイズをあとから変更できます。

第6章
第7章
第8章　文字の作成
第9章
第10章

図形内の文字の書式を設定する

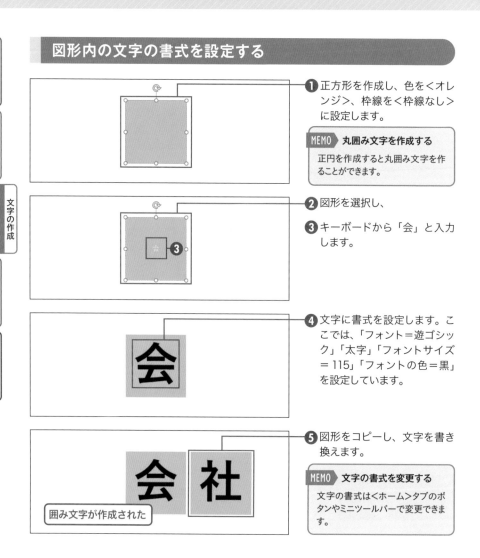

❶ 正方形を作成し、色を＜オレンジ＞、枠線を＜枠線なし＞に設定します。

> **MEMO**　丸囲み文字を作成する
> 正円を作成すると丸囲み文字を作ることができます。

❷ 図形を選択し、

❸ キーボードから「会」と入力します。

❹ 文字に書式を設定します。ここでは、「フォント＝遊ゴシック」「太字」「フォントサイズ＝ 115」「フォントの色＝黒」を設定しています。

❺ 図形をコピーし、文字を書き換えます。

> **MEMO**　文字の書式を変更する
> 文字の書式は＜ホーム＞タブのボタンやミニツールバーで変更できます。

囲み文字が作成された

第 9 章

トレースによる図の作成

SECTION

107

トレース

トレースの流れを
確認しよう

PowerPointの図形は、頂点と、頂点どうしを結ぶ線分から構成されています。地図の画像をトレース（下絵をなぞること）する手順を通して図形の頂点を編集し、図形のしくみについて理解を深めましょう。

下絵から地図を描く大まかな流れ

❶ Google マップ など、地図サービスの地図を画像として配置します。

> **MEMO** わかりやすい地図を作成する
>
> 地図を作成するときは、たくさんの道路や建物などを描くと、情報量が多すぎて見にくい地図になってしまいます。主要な道路や線路などを選別し、わかりやすい地図にしましょう。

❷ 地図の画像の道路や線路などをなぞって曲線を描きます。

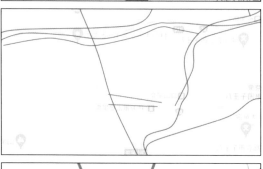

❸ 線の太さや色を設定し、文字を配置します。

❹ 配置した画像を削除します。

中央自動車道　JR中央本線

高尾

京王線

高尾山口

▲ 高尾山

SECTION
108
トレース

下絵を配置しよう

下絵にする地図は、パソコンの画面を撮影する機能を使い、GoogleマップやYahoo!地図などの地図を配置すると手軽です。スライドに地図の画像を配置したら、不要な部分を削除し、下絵を半透明にします。半透明にすることで、道路や線路がなぞりやすくなります。

Webページの画面を撮影する

❶ PowerPoint と Web ブラウザーを起動しています。

❷ Web ブラウザーで Google マップなどの地図を表示します。

❸ PowerPoint に切り替え、＜挿入＞タブをクリックして、

❹ ＜スクリーンショット＞をクリックし、

❺ ＜画面の領域＞をクリックします。

❻ パソコンの画面が薄く表示されるので、撮影する領域をドラッグすると、

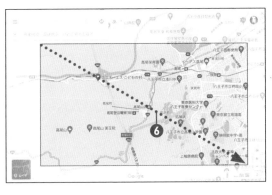

> **MEMO ウィンドウ全体を撮影する**
>
> 画面の領域ではなく、ウィンドウ全体を撮影したい場合は、手順❺で＜使用できるウィンドウ＞に表示されるサムネイルをクリックします。ただし、Edgeのウィンドウは黒く表示され、撮影できません。

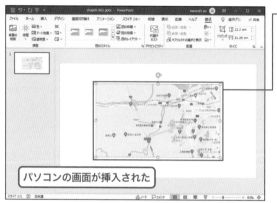

7 パソコンの画面が撮影され、スライドに画像として挿入されます。

MEMO ▶ 画像を挿入する

ここでは、Webブラウザーの画面を撮影し、スライドに挿入しています。パソコンに保存されている写真やイラストなどの画像を挿入することもできます（Sec.116参照）。

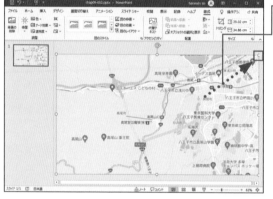

8 サイズ変更ハンドルをドラッグしてサイズを調整します。

MEMO ▶ 位置とサイズを調整する

スライドに挿入されたパソコンの画面の画像は、通常の図形と同様の手順で拡大／縮小や移動、回転などができます。

画像を半透明にする

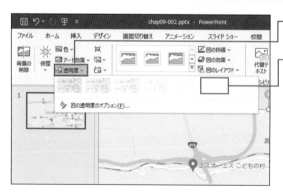

1 <図の形式>タブの<透明度>をクリックし、

2 透明度（ここでは<透明度：80%>をクリックすると、

MEMO ▶ 透明度を変更する

左の手順に従うと、画像の透明度を変更できます。このとき、0%はもとの画像が見える状態、100%は見えない状態になります。

第6章

第7章

第8章

第9章 トレース

第10章

❸画像が半透明になります。

画像が半透明になった

MEMO 透明度をもとに戻す

透明度をもとに戻すには、手順❷
で<透明度：0%>をクリックします。

✓ COLUMN

<透明度>ボタンがない場合

PowerPointのバージョンによっては、<図の形式>タブに<透明度>ボタンが配置されていません。この場合、<図の書式設定>作業ウィンドウで図形を画像で塗りつぶし、透明度を設定します。

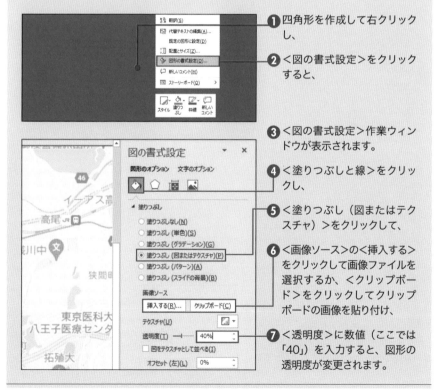

❶四角形を作成して右クリックし、

❷<図の書式設定>をクリックすると、

❸<図の書式設定>作業ウィンドウが表示されます。

❹<塗りつぶしと線>をクリックし、

❺<塗りつぶし（図またはテクスチャ）>をクリックして、

❻<画像ソース>の<挿入する>をクリックして画像ファイルを選択するか、<クリップボード>をクリックしてクリップボードの画像を貼り付け、

❼<透明度>に数値（ここでは「40」）を入力すると、図形の透明度が変更されます。

SECTION 109

トレース

第9章 トレースによる図の作成

下絵を曲線でなぞろう

下絵となる地図の画像を挿入したら、<曲線>ツールを使って地図をトレースします。<曲線>ツールできれいな曲線を描くには若干の慣れが必要ですが、あとから修正できるのでおおまかな曲線でかまいません。また、画面を拡大表示すると、作業しやすくなります。

曲線で道路を描く

❶ <挿入>タブをクリックし、

❷ <図形>をクリックして、

❸ <曲線>をクリックします。

❹ 道路の始点をクリックし、

❺ 曲線の頂点をクリックします。

MEMO やり直す

<曲線>ツールの操作には慣れが必要です。作成中、意図しない曲線になった場合、Delete キーを押すと、1段階前の状態に戻してやり直すことができます。

第6章
第7章
第8章
第9章 トレース
第10章

190

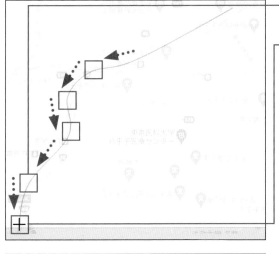

⑥ 道路に沿って曲線の頂点を次々とクリックし、

⑦ 曲線の終点でダブルクリックすると、

⑧ 曲線が作成されます。

道路になる曲線が作成された

✅ **COLUMN**

フリーハンドで道路を描く

フリーハンドで道路を描くには、＜フリーフォーム：フリーハンド＞ツールを使います。＜フリーフォーム：フリーハンド＞ツールでは、ドラッグの軌跡に沿った線を描くことができます。実際のペンで線を引くように操作できますが、少しぶれた線になります。

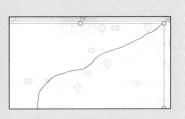

SECTION
110
トレース

曲線の頂点を編集して修正しよう

PowerPointで作成される図形は、複数の頂点と、それらの頂点を結ぶ線分によって作られています。線分に色と太さを設定し、線分に囲まれた領域を塗りつぶすことで視覚化されるしくみです。通常、頂点は見えませんが、表示して編集すると、図形を変形できます。

第6章

第7章

第8章

第9章　トレース

第10章

図形のしくみ

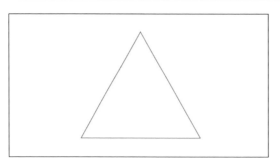

❶ ここでは三角形を例に解説します。通常、頂点は見えません。

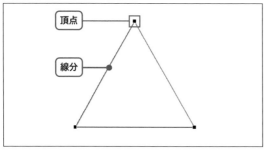

頂点

線分

❷ 右ページの手順で頂点を表示すると、三角形が3つの頂点（黒い四角形）と、それらを結ぶ線分（赤い線）から作られていることがわかります。

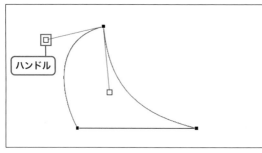

ハンドル

❸ 頂点やハンドルを編集すると、三角形が変形します。

> **MEMO　頂点とハンドル**
>
> 頂点をクリックすると、2つのハンドルが表示されます。ハンドルをドラッグすると、頂点からハンドルまでの距離と方向に対応して図形が変形します（Sec.112参照）。

頂点を表示する

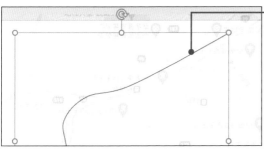

❶ 曲線をクリックして選択します。

MEMO 頂点を編集する

左の手順のほか、図形を右クリックし、<頂点の編集>をクリックしても頂点を編集できます。

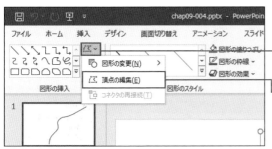

❷ <書式>タブを（もしくは<図形の書式>タブ）クリックし、

❸ <図形の編集>をクリックして、

❹ <頂点の編集>をクリックすると、

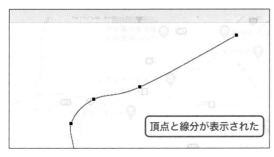

頂点と線分が表示された

❺ 頂点が表示され、編集できる状態になります。

❻ Esc キーを押すと、

頂点が非表示になった

❼ 頂点が非表示になります。

MEMO 頂点の編集を終了する

頂点の編集を終了するには、キーボードの Esc キーを押すか、図形以外の場所をクリックします。

第6章

第7章

第8章

第9章 トレース

第10章

SECTION
111
トレース

頂点を追加・削除しよう

Sec.110の手順で頂点を表示したら、頂点を編集し、曲線が道路に沿うように修正していきます。頂点はあとから追加・削除することもできるので、曲線を最初から正確に描く必要はありません。頂点の設定を変更し、ハンドルの動きを変更することもできます。

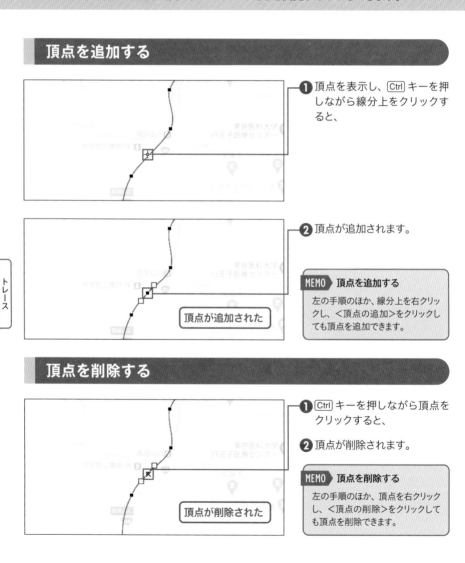

頂点を追加する

❶ 頂点を表示し、Ctrl キーを押しながら線分上をクリックすると、

❷ 頂点が追加されます。

頂点が追加された

MEMO　頂点を追加する
左の手順のほか、線分上を右クリックし、<頂点の追加>をクリックしても頂点を追加できます。

頂点を削除する

❶ Ctrl キーを押しながら頂点をクリックすると、

❷ 頂点が削除されます。

頂点が削除された

MEMO　頂点を削除する
左の手順のほか、頂点を右クリックし、<頂点の削除>をクリックしても頂点を削除できます。

第6章

第7章

第8章

第9章　トレース

第10章

194

第6章

第7章

第8章

第9章
トレース

第10章

✅ COLUMN

頂点の設定を変更する

台形や星形、矢印など、PowerPointにはたくさんの図形が用意されています。しかし、描画したい図形が用意されていないこともあるでしょう。この場合、図形を変形して作成します。図形は、頂点を編集することで変形できますが、より自由に変形させたい場合は頂点の設定を変更します。頂点の設定を変更するには、頂点を右クリックし、＜頂点を中心にスムージングする＞＜頂点で線分を伸ばす＞＜頂点を基準にする＞のいずれかを選択します。初期設定は、図形によって異なります。

＜頂点を中心にスムージングする＞	＜頂点で線分を伸ばす＞	＜頂点を基準にする＞
頂点を中心とした曲線を保持したまま変形したい場合に設定します。	曲線を保持したまま変形したい場合に設定します。	曲線の半分だけを変形したい場合に設定します。

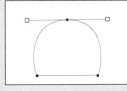 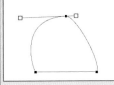 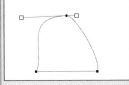

ハンドルをドラッグすると、もう一方のハンドルも連動して動きます。	ハンドルをドラッグすると、ドラッグしたハンドルだけが動きます。	ハンドルをドラッグすると、ドラッグしたハンドルだけが動きます。

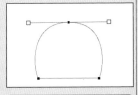 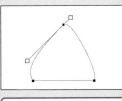 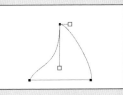

2つのハンドルが連動して回転します。	2つのハンドルが連動して回転します。	一方のハンドルだけが回転します。

曲線のカーブを修正しよう

曲線を作成したら、曲線が下絵の道路や線路に沿うように少しずつ修正します。曲線の曲がり具合は、頂点をドラッグして移動し、ハンドルを操作して調整します。操作が独特なので難しく思うこともありますが、慣れてくるときれいな曲線を描くことができます。

曲線を修正する

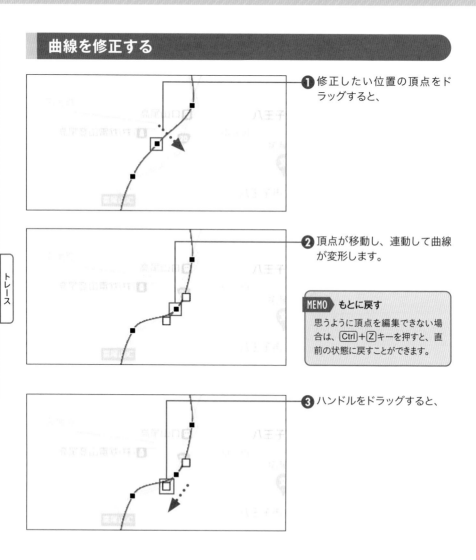

❶ 修正したい位置の頂点をドラッグすると、

❷ 頂点が移動し、連動して曲線が変形します。

> **MEMO もとに戻す**
>
> 思うように頂点を編集できない場合は、[Ctrl] + [Z]キーを押すと、直前の状態に戻すことができます。

❸ ハンドルをドラッグすると、

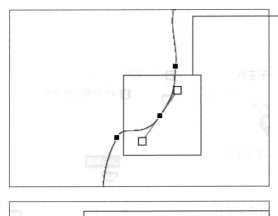

④曲がり具合が調整されます。

MEMO 一方のハンドルだけを操作する

頂点の設定によっては、2つのハンドルが連動して動きます。一方のハンドルだけを操作したい場合は、頂点の設定を<頂点を基準にする>に変更するか、Altキーを押しながらハンドルをドラッグします。

⑤必要に応じて頂点を追加・削除しながら編集を続けます。

MEMO 線分をドラッグする

曲線の曲がり具合は、線分をドラッグして修正することもできます。この場合、線分をクリックした位置に頂点が追加されます。

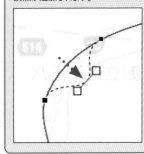

⑥ほかの曲線を描き、道路や線路を作成します。

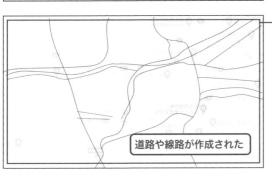

道路や線路が作成された

第6章

第7章

第8章

第9章 トレース

第10章

197

線の太さと色を変更しよう

曲線で道路や線路を作成したら、線の太さや色を設定します。道路の種類や鉄道会社の違いごとに色や太さを変更すると、見やすい地図になります。また、あとから描いた図形は既存の図形に重なります。既存の図形が隠れてしまう場合は、重なり順を変更します。

線の太さと色を変更する

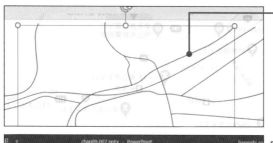

❶ 線をクリックして選択します。

❷ <書式>タブ(もしくは<図形の書式>タブ)をクリックし、

❸ <図形の枠線>をクリックして、

❹ <太さ>をクリックし、

❺ 線の太さ(ここでは< 6pt >)をクリックします。

> **MEMO 線の書式を変更する**
>
> 線の太さを変更する手順についてはSec.015、色を変更する手順についてはSec.017を参照してください。

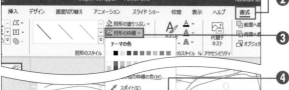

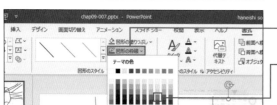

❻ 再度<図形の枠線>をクリックし、

❼ 線の色(ここでは<ゴールド、アクセント4、黒+基本色25%>)をクリックすると、

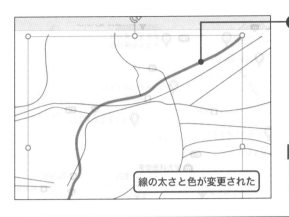

❽ 線の太さと色が変更されます。

線の太さと色が変更された

MEMO テーマによって異なる
線に設定できる色は、テーマによって異なります。

線の重なり順を変更する

❶ <前面へ移動>の⌄をクリックし、

❷ <最前面へ移動>をクリックすると、

MEMO 図形の重なり順
新しく作成した図形を既存の図形に重ねると、既存の図形が新しい図形で隠れます。既存の図形が見えるようにしたい場合は、図形の重なり順を変更します（Sec.033参照）。

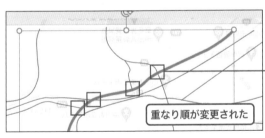

重なり順が変更された

❸ 線が最前面に移動し、隠れていた部分が表示されます。

❹ ほかの線の太さや色なども変更します。

SECTION
114
トレース

アイコンやテキストを
追加しよう

道路や線路を作成したら、次にランドマーク（目印となる施設や場所）にアイコンを配置します。ここでは、駅を四角形、山を三角形で表します。施設名や場所の名前は、テキストボックスに入力して配置します。

ランドマークを配置する

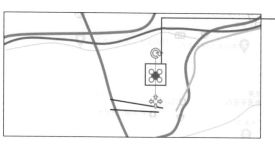

❶ 四角形を作成し、

> **MEMO　四角形を作成する**
>
> 四角形を作成するには、＜正方形／長方形＞ツールでスライド上をドラッグします（Sec.012参照）。このとき、[Shift]キーを押しながらドラッグすると、正方形になります。

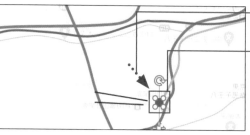

❷ ドラッグして駅の位置に移動します。

❸ 色（ここでは＜灰色、アクセント3、黒＋基本色25％＞）と枠線（ここでは＜枠線なし＞）を設定します。

❹ [Ctrl]キーを押しながら四角形をドラッグし、ほかの駅の位置にコピーします。

❺ 山に三角形を配置します。

ランドマークが配置された

> **MEMO　三角形を作成する**
>
> 三角形を作成するには、＜二等辺三角形＞ツールでスライド上をドラッグします。このとき、[Shift]キーを押しながらドラッグすると、正三角形になります。

施設名や地名を配置する

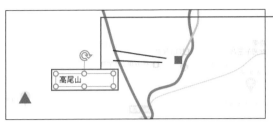

❶ テキストボックスを作成し、施設名や地名を入力します。

MEMO 縦書きにする

文字を縦書きにしたい場合は、<縦書きテキストボックス>を利用します。

❷ 文字の書式を設定します。ここでは<太字>を設定しています。

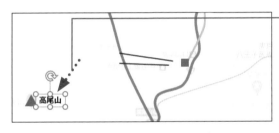

❸ テキストボックスをドラッグして移動します。

❹ これまでの手順を参考に、ほかの施設名や地名を配置します。

MEMO テキストボックスを回転する

テキストボックスを斜めに配置したい場合、回転ハンドルをドラッグすると角度を調整できます。

施設名や地名が配置された

SECTION

115

トレース

図形をグループ化しよう

地図が完成したら、下絵は不要なので削除します。また、地図は道路やランドマークなど、複数の図形から構成されています。不意の操作で位置がずれてしまうことのないよう、グループ化しておくと安心です。

下絵を削除する

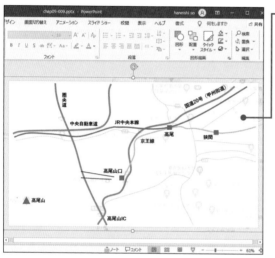

❶ 下絵をクリックして選択し、

❷ Delete キーを押すと、

> **MEMO 一時的に非表示にする**
>
> 下絵を一時的に非表示にするには、下絵を選択し、<書式>タブ（もしくは<図形の書式>タブ）の<オブジェクトの選択と表示>をクリックします。<選択>作業ウィンドウが表示されるので、下絵の 👁 をクリックし、表示／非表示を切り替えます。
>
>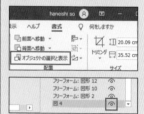

❸ 下絵が削除されます。

下絵が削除された

複数の図形をグループ化する

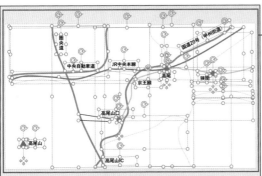

❶ Ctrl + A キーを押すと、

❷ すべての図形が選択されます。

MEMO 一部の選択を解除する

左の手順に従うと、すべての図形が選択されます。この状態で、Shift を押しながら図形のひとつをクリックすると、その図形だけ選択を解除できます。

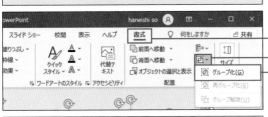

❸ <書式>タブ（もしくは<図形の書式>タブ）をクリックし、

❹ <グループ化>をクリックして、

❺ <グループ化>をクリックすると、

❻ すべての図形がグループ化されます。

グループ化された

MEMO グループ化を解除する

グループ化を解除するには、グループ化された図形を選択し、手順❺で<グループ解除>をクリックします。

✅ COLUMN

地図を拡大／縮小する

グループ化した地図を拡大／縮小すると、文字のサイズが変化しないため正しく表示されません。地図を画像としてパソコンに保存し、改めて配置すると、拡大／縮小できます。地図を画像として保存するには、地図を右クリックし、<図として保存>をクリックします（Sec.135参照）。

第6章

第7章

第8章

第9章 トレース

第10章

203

図形はパスからできている

PowerPointの図形は、「パス」と呼ばれる線で作られています。
CADやコンピューターグラフィックスで使われる用語に「ベジェ曲線」があります。
パスとベジェ曲線は基本的に同じものです。

PowerPoint や Word、Excel の図形は、「頂点と線分の組み合わせ」で構成されています。頂点を移動すると、連動して線分が変形し、図形が変形します。この「頂点と線分の組み合わせ」を「パス」といいます。

通常、パスは目に見えません。領域の色や線の太さなどを設定することで目に見える図形になります。

たとえば、四角形の＜塗りつぶし＞と＜枠線＞を削除すると、四角形は目に見えなくなります。しかし、パスがなくなるわけではありません。パスは四角形を保持しています。

図形を選択し、＜書式＞タブ（もしくは＜図形の書式＞タブ）の＜図形の編集＞をクリックして、＜頂点の編集＞をクリックすると、頂点が表示され、

頂点を編集できます。

なお、パスには、閉じたパスと開いたパスの２種類があります。閉じたパスの場合、塗りつぶしを設定すると、領域が塗りつぶされます。開いたパスの場合は、始点と終点の頂点の最短距離を直線で結んでできる領域が塗りつぶされます。

閉じたパスでできている図形の頂点を編集できる状態にし、頂点を右クリックして＜パスを開く＞を選択すると、閉じたパスを開いたパスに変換できます。開いたパスでできている図形の頂点を編集できる状態にし、頂点を右クリックして＜パスを閉じる＞を選択すると、開いたパスを閉じたパスに変換できます。

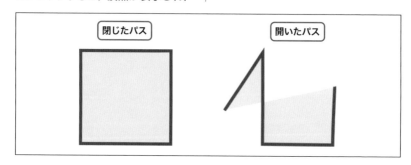

第6章
第7章
第8章
第9章 トレース
第10章

第 **10** 章

写真やイラストを使った
図の作成

SECTION 116

画像の編集

画像を配置しよう

スライドには、パソコンに保存してある写真やイラストなどの画像を配置できます。スライドに画像を配置すると、文章や言葉では説明しにくい商品の外見や場所の様子、イメージなどを伝えることができるほか、見栄えのするスライドを作成できます。

写真を配置する

① <挿入>タブをクリックし、

② <画像>をクリックして、

③ <このデバイス>をクリックすると、

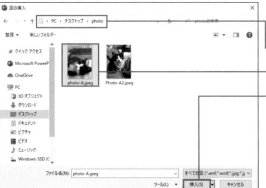

④ <図の挿入>からダイアログボックスが表示されます。

⑤ 写真の保存場所を指定し、

⑥ 写真を選択して、

⑦ <挿入>をクリックすると、

MEMO　写真のサイズ

スライドに挿入される写真のサイズがスライドより大きい場合、スライドのサイズに調整されます。

写真が挿入された

⑧ 写真が挿入されます。

MEMO　サイズや位置を変更する

写真は、図形と同じように拡大／縮小したり、移動したりすることができます。

✔ COLUMN

同じサイズの写真を並べて配置する

カタログのように写真を並べたい場合、写真を1枚1枚配置し、サイズを変更していては手間がかかります。すでに配置した写真をコピーし、ほかの写真に変更すると、サイズを変更する手間を省くことができます。

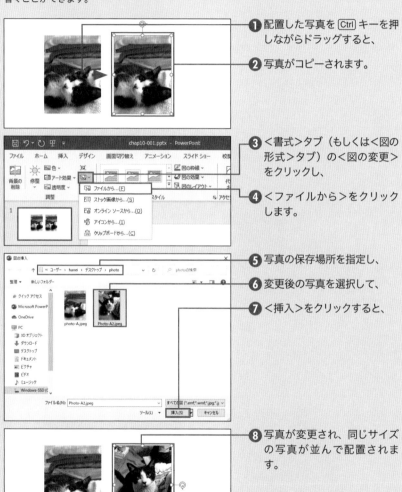

❶ 配置した写真を Ctrl キーを押しながらドラッグすると、

❷ 写真がコピーされます。

❸ <書式>タブ（もしくは<図の形式>タブ）の<図の変更>をクリックし、

❹ <ファイルから>をクリックします。

❺ 写真の保存場所を指定し、

❻ 変更後の写真を選択して、

❼ <挿入>をクリックすると、

❽ 写真が変更され、同じサイズの写真が並んで配置されます。

画像をトリミングしよう

「トリミング」とは、画像の不要な部分を削除することです。不要な部分を削除しても、見た目上、見えないようにしているだけなので、やり直すことができます。また、もとの写真も、もとのままパソコンに保存されています。

トリミングハンドルを表示する

1 写真をクリックして選択します。

> **MEMO　図形の形で切り抜く**
> 画像は、円形や星型など、図形の形で切り抜くことができます（Sec.118参照）。

> **MEMO　背景を削除する**
> 画像は、背景を削除し、被写体の部分だけを残すことができます（Sec.121参照）。

2 <書式>タブ（もしくは<図の形式>タブ）をクリックし、

3 <トリミング>の上半分をクリックすると、

4 写真の四隅と四辺中央にトリミングハンドルが表示されます。

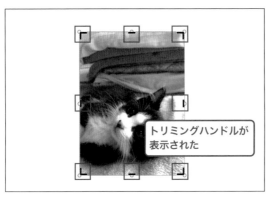

トリミングハンドルが
表示された

> **MEMO　トリミングを中止する**
> トリミングをはじめると、中止できません。いったん確定し、もとに戻します。

写真をトリミングする

❶各トリミングハンドルをドラッグし、トリミングする領域を指定します。

❷トリミング領域の枠をドラッグすると、

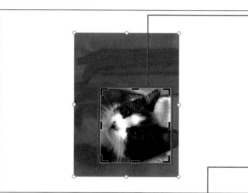

❸トリミングする領域が移動します。

❹<トリミング>の上半分をクリックすると、

❺写真がトリミングされます。

トリミングされた

画像を図形の形で
切り抜こう

画像を円形や星型、三角形などに切り抜くには、該当する図形と画像を選択し、＜結合＞から＜重なり抽出＞をクリックします。このとき、写真を先に選択します。そうしないと、写真ではなく図形が残ってしまうので注意が必要です。

写真と図形を選択する

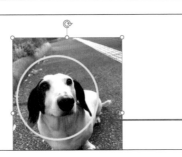

写真と図形が選択された

❶ 写真に図形（ここでは円形）を重ねています。わかりやすくするために図形の枠線に黄色を設定していますが、図形の色は透明でも何色でもかまいません。

❷ まず写真をクリックして選択し、

❸ 次に Shift キーを押しながら図形をクリックします。

MEMO はじめに写真を選択する

写真と図形を選択するときは、図形より先に写真を選択します。ドラッグして同時に選択したり、図形を先に選択したりすると、正しく切り抜けないので注意が必要です。

写真を図形の形で抽出する

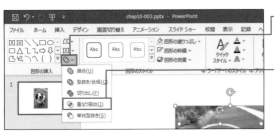

❶ ＜書式＞タブ（もしくは＜図形の書式＞タブ）の＜結合＞をクリックし（Sec.042 参照）、

❷ ＜重なり抽出＞をクリックすると、

❸ 写真が図形の形で切り抜かれ
ます。

写真が円形で切り抜かれた

MEMO 図形が残ってしまった場合

切り抜いた結果、図形が残ってし
まった場合は、[Ctrl]+[Z]キーを押
してもとに戻します。

写真の周囲をぼかす

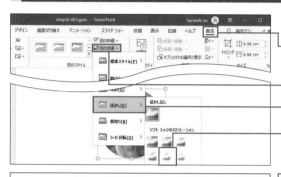

❶ 写真をクリックして選択し、

❷ <書式>タブ（もしくは<図形
の書式>タブ）をクリックして、

❸ <図の効果>をクリックし、

❹ <ぼかし>をクリックして、

❺ 効果（ここでは< 25 ポイン
ト>をクリックすると、

❻ 写真の周囲にぼかしの効果が
設定されます。

写真の周囲がぼかされた

MEMO 写真の周囲をぼかす

写真の周囲をぼかすと、写真が柔
らかい雰囲気になり、背景になじむ
ようになります。絵はがきやブログ
の素材としてよく利用されます。

✓ COLUMN

図形に合わせてトリミングする

写真を選択し、<書式>タブ（もしくは<図形の書
式>タブ）の<トリミング>のメニューにある<図
形に合わせてトリミング>から図形を指定すると、
その図形の形に合わせてトリミングできます。ただ
し、トリミングする部分を指定できません。写真の
サイズに合わせて自動的にトリミングされます。手
っ取り早くトリミングしたいときは効率的ですが、
トリミングする部分を指定したい場合は、このセク
ションでの手順をおすすめします。

図形の中に
画像を配置しよう

Sec.118では、画像を図形の形で切り抜きました。この場合、画像のサイズを維持したまま画像が切り抜かれます。図形のサイズに合わせて画像を切り抜きたい場合は、図形の中に画像を配置します。このとき、配置した写真の縦横比が正しくない場合は修正します。

図形の中に写真を配置する

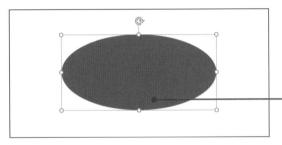

❶ 写真を配置する図形を作成します。ここでは楕円形を作成し、枠線を＜枠線なし＞に設定しています。塗りつぶしの色は何色でもかまいません。

❷ 図形をクリックして選択し、

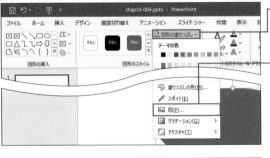

❸ ＜書式＞タブ（もしくは＜図形の書式＞タブ）の＜図形の塗りつぶし＞をクリックし、

❹ ＜図＞をクリックすると、

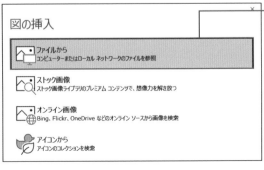

❺ ＜図の挿入＞ウィンドウが表示されるので、＜ファイルから＞をクリックします。

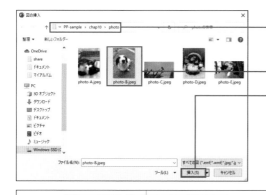

6 <図の挿入>ダイアログボックスが表示されるので、写真の保存場所を指定し、

7 写真を選択して、

8 <挿入>をクリックすると、

MEMO **縦横比を修正する**
画像のサイズや図形によっては、図形の中に配置した写真の縦横比が正しく設定されません。トリミング機能を使って修正します。

9 図形の中に写真が配置されます。

写真が配置された

写真の縦横比を修正する

1 <書式>タブ（もしくは<図の形式>タブ）の<トリミング>の下半分をクリックし、

2 <塗りつぶし>をクリックすると、

3 縦横比が修正されます。

4 写真をドラッグして位置を修正し、

5 写真以外の場所をクリックすると、

縦横比が修正された

6 修正が完了します。

MEMO **図形の形を変更する**
トリミングハンドルをドラッグすると、図形の形を変更できます（Sec.117参照）。

SECTION
120
画像の編集

写真を補正しよう

スマホの普及によって、写真撮影は手軽なものとなりました。十分きれいな写真が撮影できますが、明るさや鮮やかさを補正すると、メリハリがある、生き生きとした素材になります。PowerPointでも簡易ながら写真の補正ができるので活用しましょう。

写真の明るさとコントラストを調整する

❶ 写真をクリックして選択します。

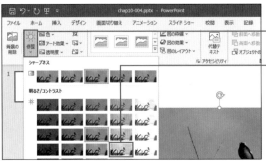

❷ ＜書式＞タブ（もしくは＜図の形式＞タブ）の＜修整＞をクリックし、

❸ ＜明るさ／コントラスト＞にある項目（ここでは＜明るさ：＋20％ コントラスト：＋20％＞）をクリックすると、

> **MEMO** シャープネスを調整する
>
> 「シャープネス」とは、被写体の輪郭を強調することです。ぼやけた写真をはっきりさせることができます。シャープネスを調整するには、手順❸で＜シャープネス＞の項目をクリックします。

❹ 写真の明るさとコントラストが補正されます。

写真が補正された

写真の鮮やかさや色合いを調整する

使いたい写真の色味に違和感がある場合などには、鮮やかさや色合いを変更してみましょう。
<書式>タブの<色>をクリックすると表示される一覧からは、写真の鮮やかさ（<色の彩度
>）や光源の強さ（<色のトーン>）、色合い（<色の変更>）を変更できます。

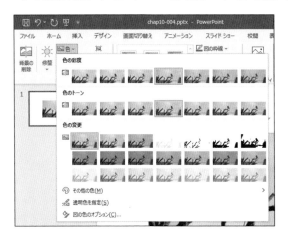

MEMO 複数の補正を組み合わせる

明るさや彩度などの補正は、組み合わせることができます。

MEMO 補正結果をもとに戻す

明るさや彩度などを変更したあと、もとに戻したい場合は、Sec.125を参照してください。

もとの写真

色の彩度-彩度300%

色のトーン-温度：8800K

色の変更-セピア

SECTION

121

画像の編集

写真の余計な背景を取り除こう

PowerPointでは、四角形や図形の形に写真を切り抜くだけでなく、背景を削除して被写体だけを抜き出すこともできます。「製品写真の背景を消す」「ほかの背景と組み合わせてコラージュを作る」といった使い方ができます。

背景の削除モードに切り替える

❶ 写真をクリックして選択します。

❷ ＜書式＞タブ（もしくは＜図の形式＞タブ）の＜背景の削除＞をクリックすると、

❸ 背景の削除モードに切り替わります。

❹ 背景の領域が自動的に認識され、紫色で強調表示されます。

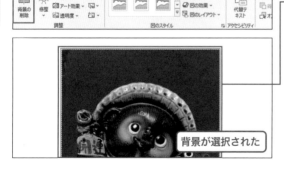

背景が選択された

MEMO 背景が自動的に選択される

左の手順に従うと、背景の削除モードに切り替わり、背景が自動的に選択されます。紫色の領域が背景として削除される部分なので、正しく選択されていない場合は、右ページ以降の手動に従い、調整します。

削除しない部分を指定する

❶ <保持する領域としてマーク>をクリックすると、

❷ マウスポインターがペンの形に変化します。

❸ 削除したくない部分(背景ではない部分)をドラッグすると、

❹ 削除されない部分として認識され、該当箇所の紫色が削除されます。

> **MEMO** **保持する領域をマークする**
> 左の手順に従うと、削除しない部分を追加できます。このとき、削除しない部分を細かくドラッグして指定する必要はありません。おおよその部分をドラッグするだけで自動的に調整されます。

削除する部分を追加する

❶ <削除する領域としてマーク>をクリックすると、

217

❷ マウスポインターがペンの形に変化します。

❸ 削除したい部分（背景の部分）をドラッグすると、

❹ 削除される部分として認識され、該当箇所が紫色で塗りつぶされます。

❺ 手順を繰り返し、削除する部分と削除しない部分を調整します。

❻ ＜変更を保持＞をクリックすると、

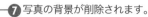

❼ 写真の背景が削除されます。

背景が削除された

第6章

第7章

第8章

第9章

第10章 画像の編集

テクスチャの背景を配置する

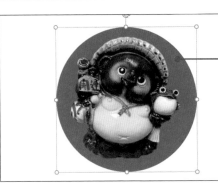

第6章

第7章

第8章

第9章

第10章
画像の編集

1. 写真の背面に図形（ここでは円形）を配置します。

2. 図形をクリックして選択し、

> **MEMO** テクスチャを削除する
>
> テクスチャを削除するには、ほかの色や＜塗りつぶしなし＞を設定します。

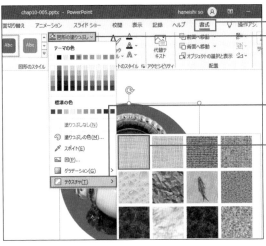

3. ＜書式＞タブ（もしくは＜図形の書式＞タブ）をクリックして、

4. ＜図形の塗りつぶし＞をクリックし、

5. ＜テクスチャ＞をクリックして、

6. テクスチャ（ここでは＜紙＞）をクリックすると、

> **MEMO** 文字にテクスチャを設定する
>
> 文字にテクスチャを設定するには、文字を選択し、＜書式＞タブ（もしくは＜図形の書式＞タブ）の＜文字の塗りつぶし＞をクリックし、＜テクスチャ＞をクリックして、目的のテクスチャをクリックします。

7. 図形にテクスチャが設定されます。

背景にテキスチャが設定された

219

SECTION

122

画像の編集

写真を絵画風に加工しよう

PowerPointでは、写真を絵画風に加工することもできます。写真を絵画風に加工すると、おしゃれな雰囲気を演出できます。図として保存（Sec.135参照）すれば、スライドの見出しとしてだけではなく、ブログのバナーやショップのメニューなどに利用できます。

写真にアート効果を設定する

❶ 写真をクリックして選択し、

❷ <書式>タブ（もしくは<図の形式>タブ）の<アート効果>をクリックし、

❸ 効果（ここでは<鉛筆：スケッチ>）をクリックすると、

> **MEMO** 組み合わせはできない
>
> 写真に設定できるアート効果は1つだけです。複数のアート効果を同時に設定することはできません。

写真が絵画風に加工された

❹ アート効果が設定されます。

> **MEMO** 詳細に設定する
>
> 手順❸で<アート効果のオプション>をクリックすると、<図の書式設定>作業ウィンドウが表示されます。ここでは、アート効果の透明度や筆圧などを設定できます。

主なアート効果

PowerPointには、たくさんのアート効果が用意されているので、主なものを紹介します。同じ写真でも、設定する効果が変わると雰囲気も異なります。かんたんに作成できるので、いくつか試してみて、目的の効果を見つけましょう。

マーカー

線画

ペイント：ブラシ

パッチワーク

カットアウト

光彩：輪郭

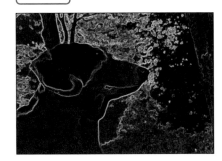

写真に枠を付けて
立体感を出そう

写真に枠を付けて立体感を表現するには、「枠線や効果を設定する方法」と「スタイルを設定する方法」の2種類があります。前者は自由に作成できますが、手間がかかります。後者は手軽ですが、カスタマイズにはやはり手間がかかります。やりやすい方で作成しましょう。

第6章

第7章

第8章

第9章

第10章　画像の編集

写真に枠線と影の効果を設定する

❶ 写真をクリックして選択し、

❷ ＜書式＞タブ（もしくは＜図の形式＞タブ）をクリックして、

❸ ＜図の枠線＞をクリックし、

❹ ＜白、背景1＞をクリックします。

❺ 白色の枠が付きますが、白色なのでわかりません。

❻ ＜図の枠線＞をクリックし、

❼ ＜太さ＞をクリックして、

❽ 枠線の太さ（ここでは＜6 pt＞）をクリックします。

> **MEMO　図形に枠線を設定する**
> 図形の枠線についての詳細は、Sec.015を参照してください。

❾ ＜図の効果＞をクリックし、

❿ ＜影＞をクリックして、

⓫ 効果（ここでは＜オフセット：右下＞）をクリックすると、

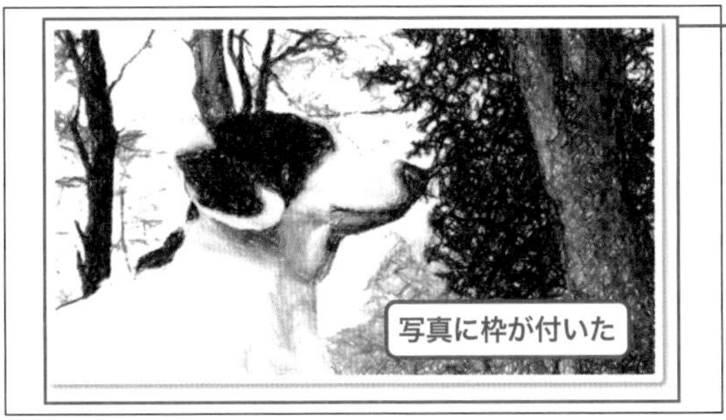

⓬ 写真に影が設定されます。

MEMO 影の効果を設定する

影の効果は、効果が設定されている図形を右クリックし、<図の書式設定>をクリックすると表示される<図の書式設定>作業ウィンドウから透明度やサイズを設定できます。

写真にスタイルを設定する

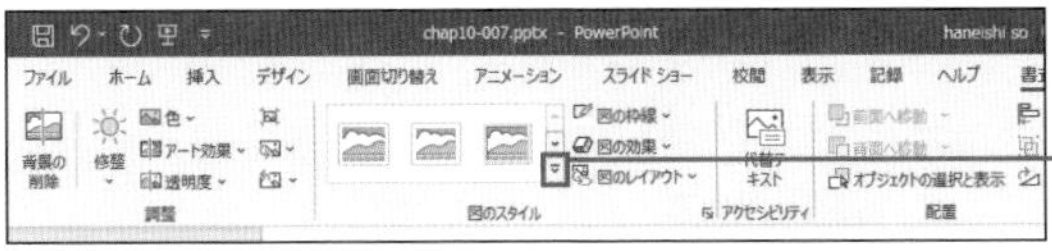

❶ <書式>タブ（もしくは<図の形式>タブ）の<図のスタイル>の▽をクリックし、

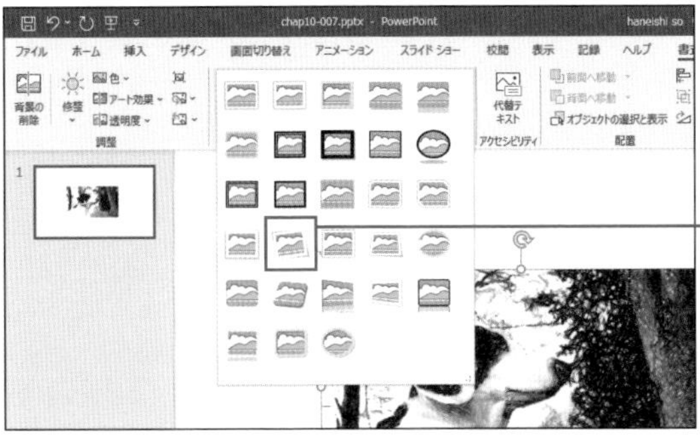

❷ スタイル（ここでは<回転、白>）をクリックすると、

MEMO スタイルをカスタマイズする

スタイルは、複数の書式を組み合わせたものです。きれいな写真を手軽に作成できる反面、プレゼンテーションでよく見られるデザインになりがちです。スタイルが設定された写真を右クリックし、<図の書式設定>をクリックすると、<図の書式設定>作業ウィンドウが表示されます。ここから書式を変更し、オリジナリティを演出できます。

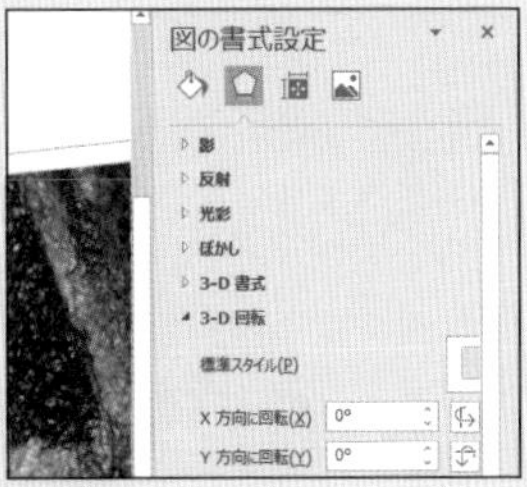

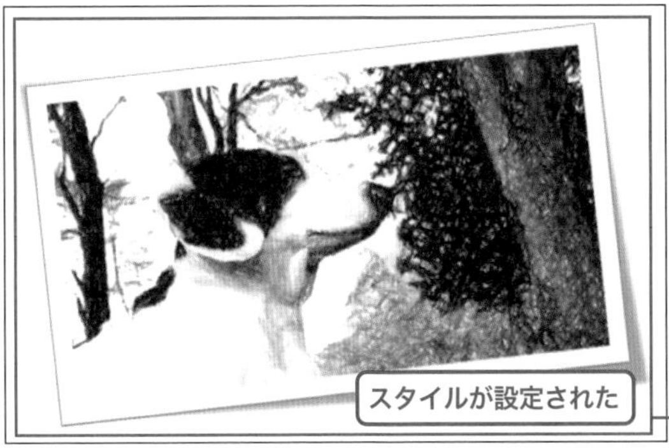

❸ スタイルが設定されます。

第6章
第7章
第8章
第9章
第10章 画像の編集

SECTION

124

画像の編集

文字をレイアウトしよう

写真に文字を配置するには、テキストボックスを利用します。ここでは、写真に白色の文字を重ね、黒色の光彩の効果を設定します。白色の文字に黒色の光彩を設定すると、白色の文字が読みやすくなり、映画やドラマの字幕のような効果が期待できます。

テキストボックスに文字を入力する

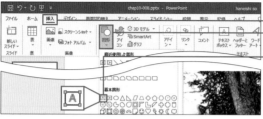

1 <挿入>タブをクリックし、

2 <図形>をクリックして、

3 <テキストボックス>をクリックします。

> **MEMO** 縦書きの文字を配置する
>
> 縦書きのテキストボックスを配置するには、手順**3**で<縦書きテキストボックス>をクリックします。

4 ドラッグして配置し、文字を入力します。

5 書式を設定します。ここではフォントの種類に< Times New Roman >、フォントサイズに< 28pt >、太字を設定しています。

6 テキストボックスをドラッグして写真に重ね、

7 文字の色を白色に変更します。

文字を読みやすくする

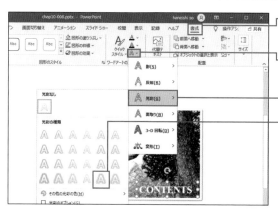

① <書式>タブ（もしくは<図形の書式>タブ）をクリックし、

② <文字の効果>をクリックして、

③ <光彩>をクリックし、

④ 効果（ここでは<光彩：18pt；青、アクセントカラー5＞）をクリックすると、

MEMO 光彩の効果を設定する

光彩の効果は、文字や図形の発光を表現する効果です（Sec.105参照）。

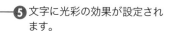

⑤ 文字に光彩の効果が設定されます。

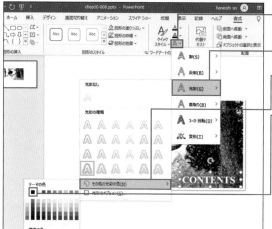

⑥ 再度<文字の効果>をクリックし、

⑦ <光彩>をクリックして、

⑧ <その他の光彩の色>をクリックし、

⑨ <黒、テキスト１>をクリックすると、

MEMO 光彩の濃度を設定する

光彩の濃度は、光彩が設定されている文字を右クリックし、<図形の書式設定>をクリックすると表示される<図形の書式設定>作業ウィンドウで設定できます。

⑩ 光彩の色が黒色になり、文字が読みやすくなります。

第6章

第7章

第8章

第9章

第10章 画像の編集

SECTION
125
画像の編集

加工した写真を
もとに戻そう

PowerPointでトリミングや補正した写真は、見た目が変更されているだけで、もとの写真のデータはスライドに保存されています。そのため、加工をやり直したい場合や、加工前のものを流用したい場合などにはもとに戻すことができます。

第6章

第7章

第8章

第9章

第10章 画像の編集

画像の加工をリセットする

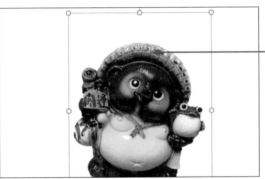

❶ Sec.121 の手順で、写真の背景を削除しています。

❷ 写真をクリックして選択し、

> **MEMO** 図のリセット
>
> ＜図のリセット＞をクリックすると実行できるリセット方法は、次の2種類があります。
> ・＜図のリセット＞
> 加工結果がリセットされます。
> ・＜図とサイズのリセット＞
> PowerPointでは、画像がスライドのサイズより大きい場合、画像がスライドのサイズに調整されます。＜図とサイズのリセット＞を実行すると、加工結果と画像のサイズがリセットされます。

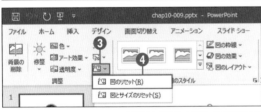

❸ ＜書式＞タブ（もしくは＜図の形式＞タブ）の＜図のリセット＞をクリックし、

❹ ＜図のリセット＞をクリックすると、

❺ 背景を削除する前の状態に戻ります。

加工がリセットされた

第 11 章

作図に便利な効率アップ技

SECTION 126 便利技

補助線を表示しよう

PowerPointには、図の作成を補助する機能が搭載されています。代表的なものにスマートガイド（Sec.034参照）がありますが、複数の図形のサイズや位置を揃えるときに目安となるグリッド線やガイド線を利用することもできます。

グリッド線を表示する

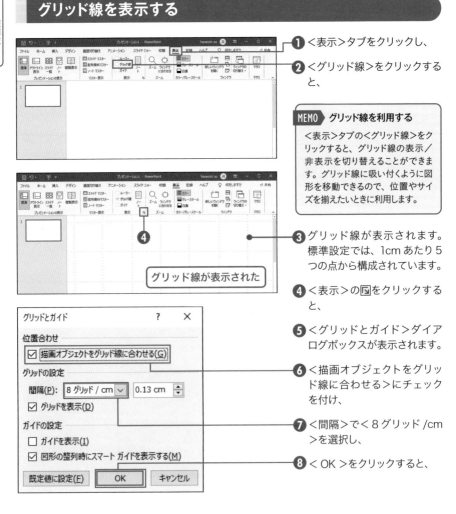

❶ ＜表示＞タブをクリックし、

❷ ＜グリッド線＞をクリックすると、

> **MEMO　グリッド線を利用する**
> ＜表示＞タブの＜グリッド線＞をクリックすると、グリッド線の表示／非表示を切り替えることができます。グリッド線に吸い付くように図形を移動できるので、位置やサイズを揃えたいときに利用します。

❸ グリッド線が表示されます。標準設定では、1cm あたり 5 つの点から構成されています。

❹ ＜表示＞の▣をクリックすると、

❺ ＜グリッドとガイド＞ダイアログボックスが表示されます。

❻ ＜描画オブジェクトをグリッド線に合わせる＞にチェックを付け、

❼ ＜間隔＞で＜ 8 グリッド /cm ＞を選択し、

❽ ＜ OK ＞をクリックすると、

グリッド線が表示された

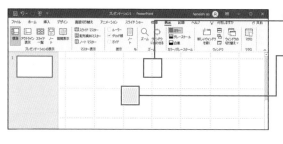

9 1cmあたり8つの点が表示されます。

10 グリッド線に沿うように図形を作成できます。

第11章 便利技

> **MEMO** グリッドの間隔
>
> <グリッドとガイド>ダイアログボックスでは、1cmあたりに表示する、グリッド線を構成する点の個数を指定できます。

第12章

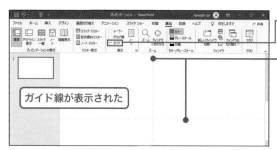

11 図形をドラッグすると、グリッド線に吸い付くように移動します。

付録

ガイド線を表示する

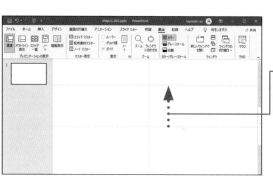

ガイド線が表示された

1 <表示>タブの<ガイド>にチェックを付けると、

2 水平と垂直のガイド線が表示されます。

> **MEMO** ガイド線を利用する
>
> <表示>タブの<ガイド>をクリックすると、ガイド線の表示／非表示を切り替えることができます。グリッド線に似ていますが、ガイド線は作成する図形に合わせて追加や移動ができる点が異なります。

3 Ctrl キーを押しながらガイド線をドラッグすると、ガイド線をコピーできます。

> **MEMO** ガイド線を削除する
>
> ガイド線を削除するには、スライドの外へドラッグします。

229

SECTION
127
便利技

よく使う図形を
すばやく描こう

<挿入>タブの<図形>をクリックすると表示される一覧の最上段には、<最近使用した図形>が表示されます。ここには、基本的な図形のほか、以前に描いた図形が表示されます。同じ図形を繰り返し作成する場合、<挿入>タブに切り替える必要がないので便利です。

第 11 章　便利技
第 12 章
付録

最近使用した図形を描く

① <挿入>タブをクリックし、

② <図形>をクリックすると、

③ 一覧の最上段に<最近使用した図形>が表示されます。

④ 図形（ここでは<星>）を新たに作成し、

⑤ <挿入>タブをクリックして、

⑥ <図形>をクリックすると、

⑦ <最近使用した図形>に<星>が追加されます。

メニューに図形が追加された

MEMO　保存はされない
<最近使用した図形>の一覧は、ファイルを閉じるとリセットされます。

✅ COLUMN

<書式>タブから図形を描く

<書式>タブ（もしくは<図形の書式>タブ）の左端には<図形の挿入>グループが表示されます。ここにも<最近使用した図形>の一覧が表示されるので、<書式>タブの機能を使ったときに新しい図形を描きたい場合は、<挿入>タブに切り替える手間を省くことができます。

SECTION

128

便利技

よく使うボタンを
すぐに使えるようにしよう

図形を作成していると、＜ホーム＞タブと＜挿入＞タブなど、タブを切り替える機会が多く
なります。＜図形＞ボタンをタイトルバーにあるクイックアクセスツールバーに登録してお
くと、＜挿入＞タブに切り替える手間を省くことができるので便利です。

便利技 第11章

第12章

付録

クイックアクセスツールバーをカスタマイズする

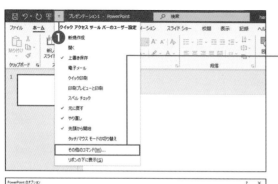

❶ クイックアクセスツールバー
の右端にある▾をクリックし、

❷ ＜その他のコマンド＞をク
リックします。

> **MEMO** クイックアクセスツールバー
>
> 「クイックアクセスツールバー」は、
> ＜上書き保存＞や＜先頭から開
> 始＞など、よく使うボタンがまとめら
> れている領域です。ボタンを追加ま
> たは削除して使いやすいように変更
> できます。

❸ 左側の欄で＜図形＞をクリッ
クし、

❹ ＜追加＞をクリックすると、

❺ 右側の欄に追加されます。

❻ ＜ OK ＞をクリックすると、

❼ クイックアクセスツールバー
に＜図形＞が登録されます。

> **MEMO** ボタンを削除する
>
> クイックアクセスツールバーに登録
> したボタンを削除するには、手順❸
> の右側の欄で削除したいボタンをク
> リックして選択し、画面中央の＜削
> 除＞をクリックします。

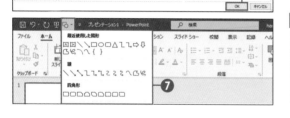

SECTION
129
便利技

マウス操作で図形を
コピーしよう

図形のコピーはよく行う作業の1つです。もとの図形のすぐ近くにコピーする場合は、ドラッグ操作でのコピーが手軽です。異なるスライドやファイルに図形をコピーする場合は、＜ホーム＞タブのボタンからコピーします（Sec.027参照）。

ドラッグ操作で図形をコピーする

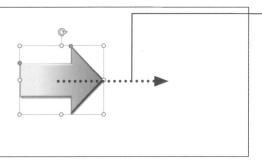

❶ Ctrl キーを押しながら図形をドラッグすると、

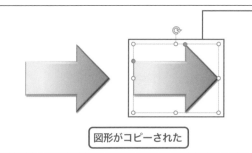

図形がコピーされた

❷ 図形がコピーされます。

> **MEMO** 水平／垂直方向にコピーする
> Shift ＋ Ctrl キーを押しながらドラッグすると、水平／垂直方向にコピーできます。

✅ COLUMN

ショートカットメニューを利用する

図形を右クリックすると表示されるショートカットメニューからコピーや貼り付けを行うこともできます。作業に応じて使いやすい方法でコピーしましょう。

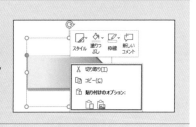

図形の書式をコピーしよう

統一感のあるスライドを作成するには、図形の色や線の太さを揃える必要があります。同じ図形を繰り返し使う場合は図形そのものをコピーしますが、異なる図形の場合は、書式をコピーすると、ほかの図形にコピーもとの図形の書式をまとめて適用できるので便利です。

書式をコピーする

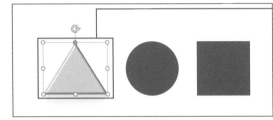

❶ コピーもとの図形をクリックして選択し、

❷ <ホーム>タブをクリックして、

❸ <書式のコピー／貼り付け>をクリックします。

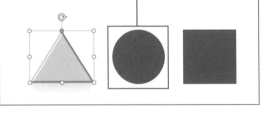

❹ 書式を適用したい図形をクリックすると、

> **MEMO** 連続してコピーする
>
> <書式のコピー／貼り付け>をダブルクリックすると、書式のコピーモードに切り替わり、コピーした書式を連続して適用できます。解除しない限り通常の状態に戻りません。書式のコピーモードを解除するには、Esc キーを押します。

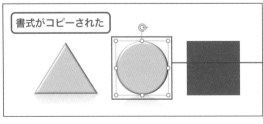

書式がコピーされた

❺ コピーした書式が貼り付け（適用）されます。

SECTION 131

便利技

図形のサイズを数値で指定しよう

図形によっては、幅や高さを正確なサイズで作成したいことがあります。図形のサイズは、<書式>タブの<サイズ>から指定できます。ここでは、一般的な名刺サイズ（高さ5.5cm×幅9.1cm）の図形を作成します。

四角形を名刺サイズに変形する

❶ 任意のサイズの四角形を描きます。

> **MEMO** サイズの単位
>
> PowerPointで作成される図形のサイズの単位はcm（センチメートル）です。

指定のサイズで変形した

❷ <書式>タブ（もしくは<図形の書式>タブ）をクリックし、

❸ <サイズ>をクリックして、

❹ <高さ>に「5.5」、

❺ <幅>に「9.1」と入力すると、

❻ 図形のサイズが指定されます。

✔ COLUMN

数値を指定して拡大／縮小する

図形の拡大／縮小率を数値で指定するには、<図形の書式設定>作業ウィンドウの<図形のオプション>にある<サイズとプロパティ>をクリックし、<サイズ>の一覧にある<高さの倍率>または<幅の倍率>に数値を入力します。

SECTION
132
便利技

作成した図形を別の図形に
すばやく変更しよう

図形は、あとから別の図形に変換できます。図形を作成してから別の図形に変更したい場合、図形を作り直す必要はありません。また、同じ色や線の太さの別の図形を作成したい場合、図形をコピーし、別の図形に変換すると効率的です。

四角形をハート型に変更する

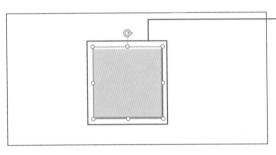

❶ 変更したい図形をクリックして選択します。

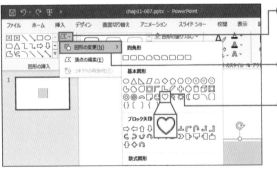

❷ <書式>タブ（もしくは<図形の書式>タブ）の<図形の編集>をクリックし、

❸ <図形の変更>をクリックして、

❹ 変更後の図形（ここでは<ハート>）をクリックすると、

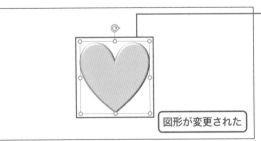

図形が変更された

❺ 四角形がハート型に変更されます。

MEMO　図形をもとに戻す

変更した図形をもとに戻すには、[Ctrl]＋[Z]キーを押します。

SECTION
133
便利技

下に重なっている図形を選択しよう

PowerPointでは、複数の図形を組み合わせて作品にします。組み合わせ方によっては、図形が重なっているために編集したい図形を選択できないことがあります。このような場合、目的の図形を一覧の中から選択できます。

第11章 便利技

第12章

付録

隠れている図形を選択する

❶ テキストボックスに文字を入力し、半透明にした吹き出しを重ねています。

❷ 吹き出しが重なっているためテキストボックスを選択できません。

MEMO 図形を半透明にする

図形を半透明にするには、図形の透過度を変更します。図形の透過度は、<図形の塗りつぶし>から変更できます（Sec.019参照）。

❸ いずれかの図形を選択し、

❹ <書式>タブ（もしくは<図形の書式>タブ）の<オブジェクトの選択と表示>をクリックすると、

背面の図形が選択された

❺ <選択>作業ウィンドウが表示されます。

❻ 一覧から<テキストボックス>をクリックすると、

❼ 吹き出しの背面に配置されているテキストボックスが選択されます。

SECTION
134
便利技

図形を一時的に
非表示にしよう

図形は、一時的に非表示にできます。「特定の図形を印刷されないようにしたい」「背面に重なっている図形を編集したい」「特定の図形がない状態のデザインを確認したい」といった場合は、非表示にしましょう。

図形を非表示にする

❶ ＜選択＞作業ウィンドウを表示し（Sec.133 参照）、

❷ 非表示にしたい図形の◉をクリックすると、

❸ ◌に切り替わり、

❹ 該当する図形が非表示になります。

❺ 非表示になっている図形の◌をクリックすると、

> **MEMO** すべての図形を非表示にする
>
> ＜選択＞作業ウィンドウの＜すべて非表示＞をクリックすると、すべての図形が非表示になります。非表示にしたすべての図形を再表示するには、＜すべて表示＞をクリックします。

❻ ◉に切り替わり、

❼ 非表示になっていた図形が表示されます。

237

SECTION 135 便利技
選択した図形を画像ファイルとして保存しよう

PowerPointで作成した図形を、WordやExcelでも利用したい場合は、画像として保存します。このとき、図形が複数の図形から構成されている場合はグループ化します。また、保存された画像は、ほかの画像編集アプリやブログ、SNSなどで利用することもできます。

複数の図形をグループ化する

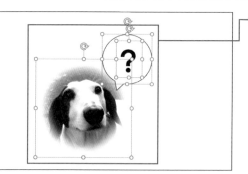

❶ 複数の図形を選択し、

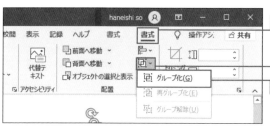

❷ ＜書式＞タブ（もしくは＜図形の書式＞タブ）をクリックして、

❸ ＜グループ化＞をクリックし、

❹ ＜グループ化＞をクリックすると、

複数の図形がグループ化した

❺ 複数の図形がグループ化されます。

MEMO　図形をグループ化する

ここでは、複数の図形をまとめて画像として保存するため、複数の画像をグループ化しています。画像として保存する図形が1つの場合は、グループ化する必要はありません。右ページの手順に進んでください。

図形をPNG画像として保存する

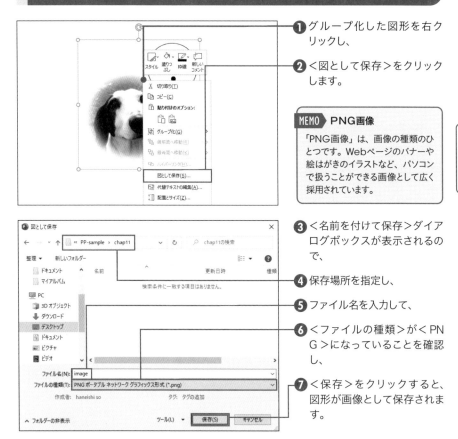

❶ グループ化した図形を右クリックし、

❷ ＜図として保存＞をクリックします。

第11章
便利技

> **MEMO** **PNG画像**
>
> 「PNG画像」は、画像の種類のひとつです。Webページのバナーや絵はがきのイラストなど、パソコンで扱うことができる画像として広く採用されています。

第12章

付録

❸ ＜名前を付けて保存＞ダイアログボックスが表示されるので、

❹ 保存場所を指定し、

❺ ファイル名を入力して、

❻ ＜ファイルの種類＞が＜PNG＞になっていることを確認し、

❼ ＜保存＞をクリックすると、図形が画像として保存されます。

✅ COLUMN

SVG画像として保存する

画像の種類には、「ラスター（ビットマップ）形式」と「ベクター形式」があります。ラスター形式はJPEG画像やPNG画像に採用されているしくみで、拡大すると粗く見えます。ベクター形式は拡大してもきれいですが、高度な描画処理が必要です。従来、パソコンでは、ベクター形式に比べて処理がかんたんなラスター形式の画像が広く採用されてきました。しかしパソコンやスマートフォンが高機能化したことで、ベクター形式の画像の採用も広まっています。SVG画像はベクター形式の画像のひとつです。PowerPoint 2019以降ではSVG画像に対応しているため、図形をSVG画像として保存できます。図形をSVG画像として保存するには、＜名前を付けて保存＞ダイアログボックスの＜ファイルの種類＞から＜スケーラブル ベクターグラフィックス形式＞を選択します。

SECTION

136

便利技

第11章　作図に便利な効率アップ技

スライドを画像ファイルとして保存しよう

PowerPointでは、スライドを図形として保存できます。「スライドの内容をWordの文書に挿入する」「スライドの画像をメールで送る」といったことができます。ここでは1枚のスライドを画像として保存しますが、すべてのスライドを画像として保存することもできます。

第11章 便利技
第12章
付録

スライドをPNG画像として保存する

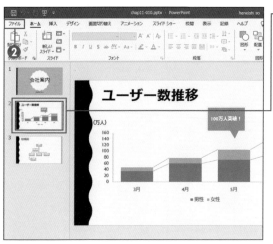

① 画像として保存したいスライドをクリックして選択し、

② <ファイル>をクリックします。

MEMO　スライドを選択する

ここでは、1枚のスライドを画像として保存するため、特定のスライドを選択しています。すべてのスライドを画像として保存する場合は、いずれのスライドを選択してもかまいません。

③ <エクスポート>をクリックし、

MEMO　エクスポート

「エクスポート」とは、ほかのアプリのファイル形式でデータを保存することです。

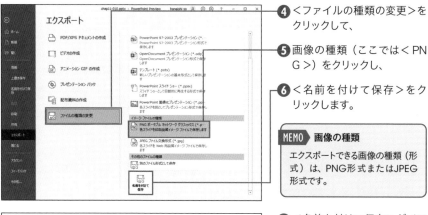

④ <ファイルの種類の変更>を
クリックして、

⑤ 画像の種類（ここでは＜PN
G＞）をクリックし、

⑥ <名前を付けて保存>をク
リックします。

> **MEMO** 画像の種類
>
> エクスポートできる画像の種類（形式）は、PNG形式またはJPEG形式です。

⑦ <名前を付けて保存>ダイア
ログボックスが表示されるの
で、

⑧ 保存場所を指定し、

⑨ ファイル名を入力して、

⑩ <ファイルの種類>が＜PN
G＞になっていることを確認
し、

⑪ <保存>をクリックします。

⑫ <このスライドのみ>をク
リックすると、スライドが画
像として保存されます。

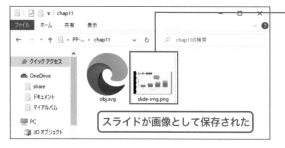

スライドが画像として保存された

⑬ 保存場所を表示すると、画像
を確認できます。

> **MEMO** すべてのスライドを保存する
>
> すべてのスライドを画像として保存するには、手順⑫で＜すべてのスライド＞をクリックします。

第11章 便利技

第12章

付録

SECTION 137 便利技

画像ファイルを
インポートしよう

PowerPointは、PNG画像やJPEG画像、BMP画像など、さまざまな形式の画像を取り込むことができます。PowerPoint 2019以降ではSVG画像を取り込むこともできるので、プロ向けのグラフィックソフトIllustratorとの連携も可能です。

SVG画像を配置する

1 <挿入>タブをクリックし、

2 <画像>をクリックして、

3 <このデバイス … >をクリックすると、

> **MEMO** SVG画像
>
> 「SVG画像」は、パソコンで扱うことができる画像の種類のひとつです。PowerPointの図形と同じベクター形式なので、PowerPointの図形に変換して編集できます。

4 <図の挿入>ダイアログボックスが表示されます。

5 画像の保存場所を指定し、

6 画像を選択して、

7 <挿入>をクリックすると、

8 画像が配置されます。

SVG画像が配置された

> **MEMO** Illustratorと連携する
>
> 「Illustrator」は、Web業界や印刷業界で利用されている、プロ向けのソフトです。プロに描いてもらった図形をPowerPointで使うことができます。

SVG画像をPowerPointで編集する

❶ <書式>タブ（もしくは<グラフィックス形式>タブ）の<図形に変換>をクリックすると、

❷ SVG画像がPowerPointの図形に変換されます。

❸ <グループ化>をクリックし、

❹ <グループ解除>をクリックすると、

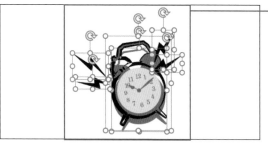

❺ グループ化が解除されて複数の図形に分割されるので、

PowerPointで編集できた

❻ それぞれの図形の色やサイズを変更できます。

> **MEMO** アイコンを利用する
>
> PowerPointでは、マイクロソフトが配布しているアイコンを利用できます（Sec.047参照）。このアイコンもSVG画像です。

243

利用可能な画像形式

PowerPointはパソコンで広く採用されている画像形式に対応しています。
書き出すことができる画像形式もたくさんありますが、
WebページやOfficeアプリ向けならばPNG画像が適しています。

写真や動画、イラストなど、パソコンで扱うことができる画像の種類（画像の形式）は、PNG画像やBMP画像、WMF画像などがあります。中でも広く採用されているのはPNG画像とJPEG画像です。PowerPointはいずれにも対応しているので、Webページのバナーやデジタルカメラで撮影した写真、お絵かきアプリで作成したイラストなどを表示できます。また、PowerPointで作成した図形を画像として書き出す場合、どの形式で書き出せばよいか不安がある場合は、PNG画像にしておくと安心です。PNG画像はデータの劣化も少なく、多くのアプリが対応しているためです。

PowerPointが対応している画像の種類

種類	解説	読み込み	書き出し	Webでの表示
PNG画像	フルカラー（約1670万色）に対応し、Webページなどで採用されています。背景を透明にできます。	○	○	○
JPEG画像	フルカラーに対応し、Webページや写真、イラストなど、パソコンで広く採用されています。背景を透明にできません。	○	○	○
GIF画像	Webページなどで採用され、背景を透明にできますが、256色しか再現できません。	○	×	○
TIFF画像	高解像の画像を再現できますが、ファイルサイズが大きくなります。	○	○	×
BMP画像	ラスター形式の汎用的な画像形式です。	○	○	×
WMF画像	ベクター形式の汎用的な画像です。	○	○	×
EMF画像	WMF形式の後継形式です。	○	○	×
SVG画像	ベクター形式の画像です。対応するWebブラウザーが増えてきたことで、Webページでの採用が増えています。PowerPoint 2019以前では対応していない場合があります。	○	○	○
ICO画像	Windowsのアイコンで採用されています。	○	×	×

第 12 章

実例サンプル

SECTION 138

サンプル

ネットワーク構成図の作成

ここでは、アイコンとコネクタの図形を使い、ネットワークの構成図を作成します。コネクタの図形を利用すると、コネクタで接続された図形を移動したときにコネクタも自動的に変形するので、線でつながった図形をかんたんに作成できます。

第11章

第12章 サンプル

付録

アイコンを挿入する

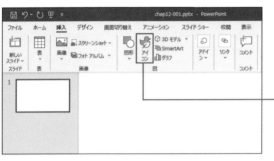

> **MEMO　アイコンを挿入する**
>
> アイコンは、マイクロソフトが配布している図形です。詳細は、第4章を参照してください。

❶ ＜挿入＞タブの＜アイコン＞をクリックし、

> **MEMO　アイコンが見つからない場合**
>
> ＜挿入＞タブの＜アイコン＞をクリックすると表示される画面では、アイコンの一覧が表示されます。上部の＜人物＞や＜医療＞をクリックすると、種類ごとのアイコンが表示されます。ただし、種類に分類されていないアイコンもあります。種類ごとにアイコンを表示しても目的のアイコンが見つからない場合は、検索ボックス右端の＜テキストを消去＞をクリックし、最初の画面を表示して探してみましょう。検索ボックスにキーワードを入力して探すこともできます。
>
>

❷ 挿入したいアイコンをクリックして、

❸ ＜挿入＞をクリックします。

アイコンをトリミングする

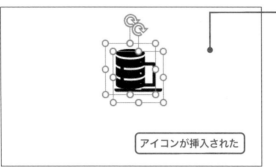

❶ 何もないところをクリックすると、選択が解除されます。

アイコンが挿入された

第11章

第12章 サンプル

付録

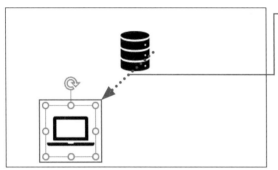

❷ アイコンをドラッグして移動し、

MEMO　アイコンをトリミングする

アイコンには余白が設定されています。余白が大きいと、コネクタが離れて見えることがあるので、トリミングして余白の大きさを調整します。トリミングについての詳細は、Sec.117を参照してください。

❸ <書式>タブ（もしくは<グラフィックス形式>タブ）の<トリミング>の上半分をクリックして、

❹ アイコンをトリミングします。

アイコンをコピーする

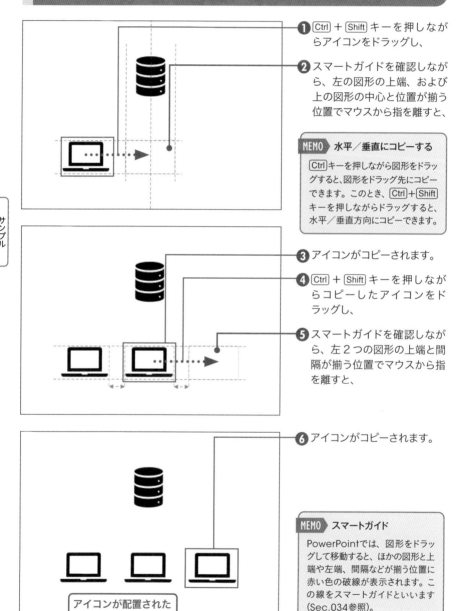

❶ Ctrl + Shift キーを押しなが
らアイコンをドラッグし、

❷ スマートガイドを確認しなが
ら、左の図形の上端、および
上の図形の中心と位置が揃う
位置でマウスから指を離すと、

MEMO 水平／垂直にコピーする
Ctrl キーを押しながら図形をドラッ
グすると、図形をドラッグ先にコピー
できます。このとき、Ctrl + Shift
キーを押しながらドラッグすると、
水平／垂直方向にコピーできます。

❸ アイコンがコピーされます。

❹ Ctrl + Shift キーを押しなが
らコピーしたアイコンをド
ラッグし、

❺ スマートガイドを確認しなが
ら、左2つの図形の上端と間
隔が揃う位置でマウスから指
を離すと、

❻ アイコンがコピーされます。

MEMO スマートガイド
PowerPointでは、図形をドラッ
グして移動すると、ほかの図形と上
端や左端、間隔などが揃う位置に
赤い色の破線が表示されます。こ
の線をスマートガイドといいます
(Sec.034参照)。

アイコンをコネクタで接続する

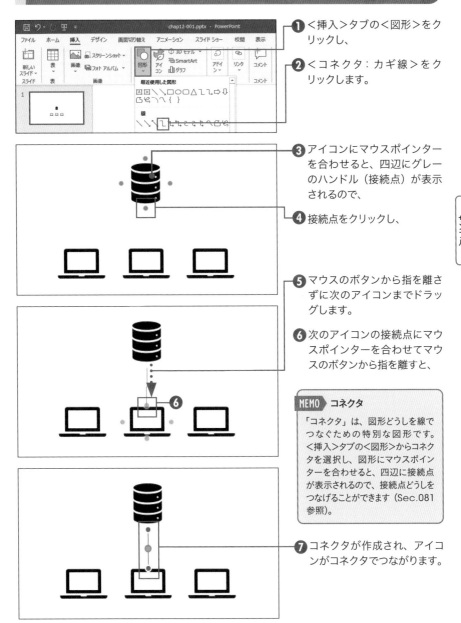

❶ <挿入>タブの<図形>をクリックし、

❷ <コネクタ：カギ線>をクリックします。

❸ アイコンにマウスポインターを合わせると、四辺にグレーのハンドル（接続点）が表示されるので、

❹ 接続点をクリックし、

❺ マウスのボタンから指を離さずに次のアイコンまでドラッグします。

❻ 次のアイコンの接続点にマウスポインターを合わせてマウスのボタンから指を離すと、

> **MEMO　コネクタ**
>
> 「コネクタ」は、図形どうしを線でつなぐための特別な図形です。<挿入>タブの<図形>からコネクタを選択し、図形にマウスポインターを合わせると、四辺に接続点が表示されるので、接続点どうしをつなげることができます（Sec.081参照）。

❼ コネクタが作成され、アイコンがコネクタでつながります。

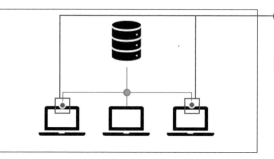

⑧ 同様の手順でほかの図形もコネクタでつなぎます。

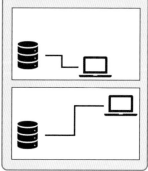

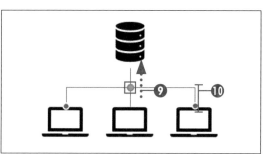

⑨ 調整ハンドルをドラッグすると、

⑩ コネクタの高さが調整されます。

> アイコンがコネクタでつながった

⑪ コネクタの色と線の太さを変更します。ここでは、線の色は黒色、太さは 3pt を設定しています。

✅ COLUMN

カギ線のコネクタを直線にする

＜コネクタ：カギ線＞で図形をつなぐと、直線にしたいのに折れ線になってしまうことがあります。この場合、コネクタを選択し、＜書式＞タブ（もしくは＜図形の書式＞タブ）の＜サイズ＞をクリックして、＜高さ＞に「0」を入力します。

背景と文字を配置する

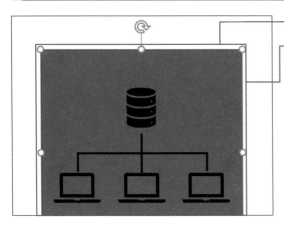

❶ 四角形を作成し、

❷ 最背面に移動します。

MEMO 図形を最背面に移動する

新しい図形を作成すると、既存の図形の前面（手前）に配置されます。図形が隠れてしまう場合は、重なり順を変更し、新しく作成した図形を背面（後ろ）へ移動します（Sec.033参照）。

❸ 色と線の太さを変更します。ここでは、＜図形の塗りつぶし＞で＜ゴールド、アクセント4、白＋基本色80%＞、＜図形の枠線＞の＜太さ＞で＜枠線なし＞を設定しています。

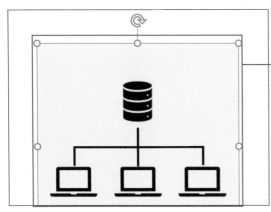

❹ テキストボックスを作成し、文字を入力します。

MEMO テキストボックス

「テキストボックス」は、文字を入力するための図形です。テキストボックスを挿入するには、＜挿入＞タブの＜図形＞をクリックし、＜テキストボックス＞または＜縦書きテキストボックス＞をクリックし、スライド上をドラッグします（Sec.082参照）。

地図の作成

ここでは、直線や円形といった基本的な図形だけを使い、地形を簡略化したシンプルな地図を作成します。名刺やWebページの案内図などに適しています。本物の地図を利用した詳細な地図を作成したい場合は、第9章を参照してください。

直線を作成する

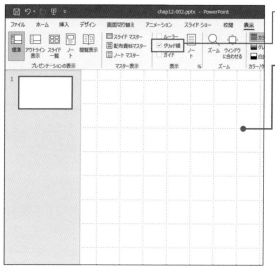

❶ <表示>タブの<グリッド線>にチェックマークを付けると、

❷ グリッド線が表示されます。

> **MEMO　グリッド線を表示する**
>
> グリッド線は、図形を作成するとき、サイズや位置の目安となる補助線です。<表示>タブの<グリッド線>をクリックすると、表示／非表示を切り替えることができます。図解がグリッド線に沿うように設定することもできます（Sec.126参照）。

❸ グリッド線を目安に直線を作成します。

直線が作成された

> **MEMO　直線を作成する**
>
> 直線を作成するには、<挿入>タブの<図形>をクリックし、<線>をクリックしてスライド上をドラッグします（Sec.006参照）。

直線の書式を設定する

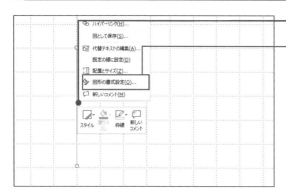

① 直線を右クリックし、

② ＜図形の書式設定＞をクリックすると、

MEMO 一覧にない太さを設定する

図形の線（枠線）の太さは、＜書式＞タブの＜図形の枠線＞から設定できます（Sec.015参照）。ただし、設定できる太さが限られているので、目的の太さが一覧にない場合は、＜図形の書式設定＞作業ウィンドウから設定します。

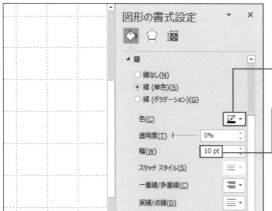

③ ＜図形の書式設定＞作業ウィンドウが表示されます。

④ ＜色＞（ここでは＜黒、テキスト１＞）を選択し、

⑤ ＜幅＞に太さ（ここでは「10」）を入力すると、

MEMO 作業ウィンドウを閉じる

作業ウィンドウを閉じるには、作業ウィンドウの右上にある＜閉じる＞（×印）をクリックします。

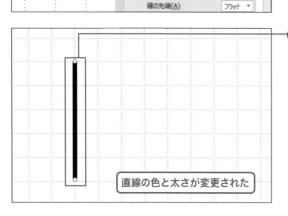

⑥ 直線の色が黒色、太さが10pt に設定されます。

直線の色と太さが変更された

道路やランドマークを作成する

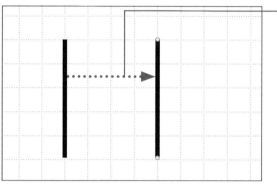

❶ Ctrl キーを押しながら直線を
ドラッグしてコピーし、

MEMO **図形をコピーする**

Ctrl キーを押しながら図形をドラッグすると、図形をドラッグ先にコピーできます。このとき、Ctrl + Shift キーを押しながらドラッグすると、水平・垂直方向にコピーできます。

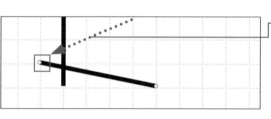

❷ 直線の一端のハンドルをド
ラッグすると、直線が傾きます。

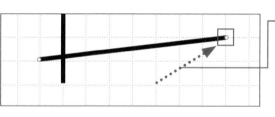

❸ もう一方のハンドルをドラッグして変形させます。

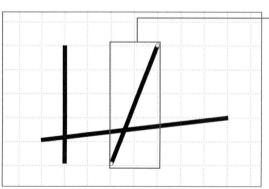

❹ 直線をコピーし、傾かせます。

MEMO **直線を傾ける**

図形は、回転ハンドルをドラッグすると回転できます。ただし、直線には回転ハンドルがありません。直線の両端に表示されるサイズ変更ハンドルをドラッグすると、長さや角度を変更できます。

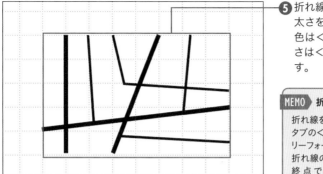

⑤ 折れ線や直線を作成し、色と太さを設定します。ここでは色は＜黒、テキスト１＞、太さは＜6pt＞を設定しています。

> **MEMO** 折れ線を作成する
>
> 折れ線を作成するには、＜挿入＞タブの＜図形＞をクリックし、＜フリーフォーム：図形＞をクリックして、折れ線の頂点をクリックしていき、終点でダブルクリックします（Sec.008参照）。

⑥ ランドマーク（場所の目印）として円形を配置し、黒色、枠線なしを設定します。

> **MEMO** 円形を作成する
>
> 円形を作成するには、＜挿入＞タブの＜図形＞をクリックし、＜楕円＞をクリックして、スライド上をドラッグします（Sec.012参照）。このとき、Shiftキーを押しながらドラッグすると、正円になります。

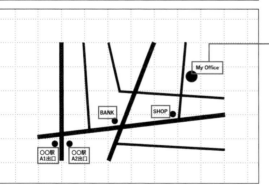

⑦ テキストボックスを配置し、場所の名前を入力します。必要に応じて文字の書式を設定します。

⑧ Ctrl + A キーを押すと、すべての図形が選択されるので、

⑨ ＜書式＞タブ（もしくは＜図形の書式＞タブ）の＜グループ化＞をクリックし、

⑩ ＜グループ化＞をクリックすると、

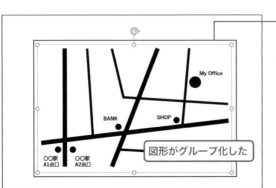

⓫ すべての図形がグループ化されます。

⓬ グリッド線を非表示にします。

地図の背景を作成する

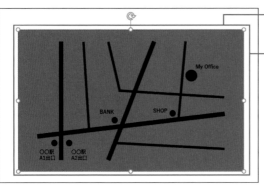

❶ 地図の図形の背面（後ろ）に四角形を配置し、

❷ 四角形を選択して、枠線を＜枠線なし＞に設定します。

❸ ＜書式＞タブの＜図形の塗りつぶし＞をクリックして、

❹ ＜テクスチャ＞をクリックし、

❺ テクスチャ（ここでは＜新聞紙＞）をクリックすると、

第11章

第12章 サンプル

付録

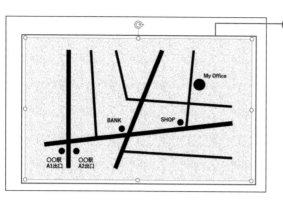

⑥ 四角形にテクスチャが設定されます。

付録

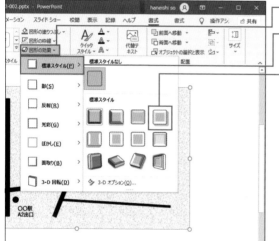

⑦ <図形の効果>をクリックし、

⑧ <標準スタイル>をクリックして、

⑨ スタイル（ここでは<標準スタイル4>をクリックすると、

> **MEMO** スタイルを解除する
>
> 「スタイル」とは、複数の書式を組み合わせたものです。図形のスタイルを解除するには、各スタイルの一覧の最上段にある<○○なし>をクリックします。左の手順の場合、手順⑨で<標準スタイルなし>をクリックします。

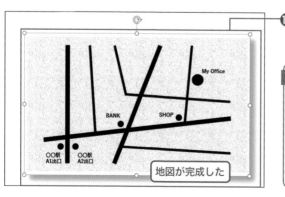

⑩ 四角形にスタイルが設定されます。

地図が完成した

> **MEMO** 画像として保存する
>
> PowerPointで作成した図形を、WordやWebページで使用するには、画像として保存する必要があります。図形を画像として保存するには、図形を右クリックし、<図として保存>をクリックします（Sec.135参照）。

SECTION

140

サンプル

ステッカーの作成

ここでは、アイコンと円形、文字を使って、乗用車に乳幼児が乗っていることを明示するステッカーを作成します。円形のサイズを正確に指定することと、文字を円に添わせて配置することがポイントです。同様の手順で企業やブランドのロゴを作成することもできます。

第11章

第12章 サンプル

付録

アイコンを挿入する

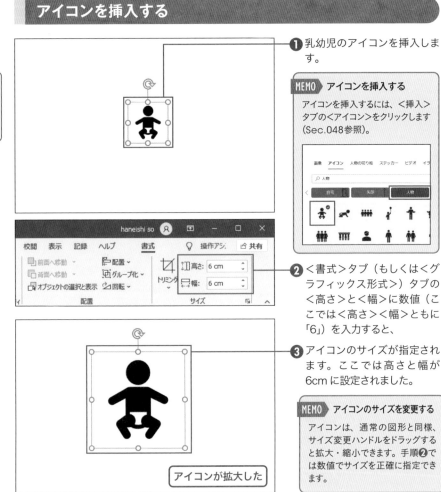

❶ 乳幼児のアイコンを挿入します。

MEMO アイコンを挿入する

アイコンを挿入するには、<挿入>タブの<アイコン>をクリックします（Sec.048参照）。

❷ <書式>タブ（もしくは<グラフィックス形式>）タブの<高さ>と<幅>に数値（ここでは<高さ><幅>ともに「6」）を入力すると、

❸ アイコンのサイズが指定されます。ここでは高さと幅が6cmに設定されました。

MEMO アイコンのサイズを変更する

アイコンは、通常の図形と同様、サイズ変更ハンドルをドラッグすると拡大・縮小できます。手順❷では数値でサイズを正確に指定できます。

アイコンが拡大した

円形を作成する

❶ 正円を作成します。

MEMO　**正円を作成する**

正円を作成するには、<挿入>タブ
の<図形>をクリックし、<楕円>を
クリックして、Shiftキーを押しなが
らスライド上をドラッグします。

❷ <書式>タブ（もしくは<図形
の書式>タブ）の<サイズ>
をクリックして、

❸ <高さ>と<幅>に数値（こ
こでは<高さ><幅>ともに
「6.5」）を入力すると、

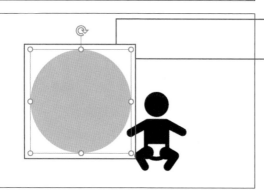

❹ 正円が指定サイズに拡大され
ます。

❺ 正円を<枠線なし>に設定し、
色を<オレンジ>に変更しま
す。

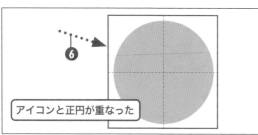

アイコンと正円が重なった

❻ 正円をドラッグし、スマート
ガイドを確認しながらアイコ
ンと中心が揃う位置に移動し
ます。

❼ 正円をアイコンの背面に移動
します。

アイコンと円形の位置を揃える

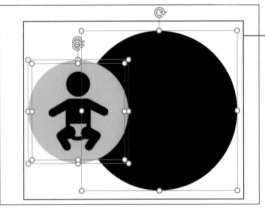

❶ 正円をコピーし、色を黒色に
変更します。

❷ 前のページの手順❸の手順に
従い、黒色の正円のサイズを
10cm に設定します。

❸ 黒色の正円を最背面に移動し
ます。

❹ [Ctrl] + [A] キーを押してすべて
の図形を選択し、

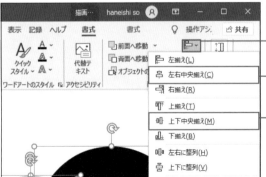

❺ ＜書式＞タブ（もしくは＜図
形の書式＞タブ）の＜オブ
ジェクトの配置＞をクリック
して、

❻ ＜左右中央揃え＞をクリック
し、

❼ 続けて＜上下中央揃え＞をク
リックすると、

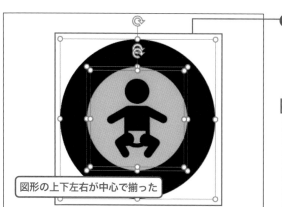

図形の上下左右が中心で揃った

❽ すべての図形が上下左右の中央に揃います。

MEMO　図形の位置を揃える

PowerPointでは、スマートガイドを利用して図形の位置やサイズを揃えることができます。ただし、複数の図形を揃えたいときは、<オブジェクトの配置>をクリックすると、まとめて揃えることができるので効率的です。

図形に文字を重ねる

BABY IN CAR

❶ テキストボックスを挿入し、文字を入力して、書式を設定します。ここでは、フォントサイズに 32pt、太字を設定しています。

❷ テキストボックスが選択されている状態で、<書式>タブ（もしくは<図形の書式>タブ）の<文字の効果>をクリックし、

❸ <変形>をクリックして、

❹ <円>をクリックすると、

MEMO　枠線に合わせて配置する

<文字の効果>の<変形>にある<枠線に合わせて配置>グループでは、目に見えない半円や円形をテキストボックス内に作成し、その外周に沿って文字を変形できます。

⑤ 文字がテキストボックス内の
円形に沿うように変形します。
ただし、ここではテキスト
ボックスが小さいため、変化
がよくわかりません。

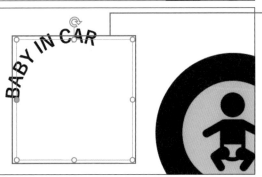

⑥ テキストボックスのサイズを
＜高さ＞＜幅＞ともに 7.5cm
に変更し、テキストボックス
を正方形に変更すると、テキ
ストボックス内の円形も正円
に変化し、文字の変化も大き
くなります。

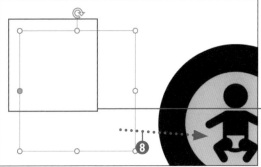

⑦ 文字の色を白に変更します。

⑧ テキストボックスをドラッグ
し、スマートガイドを確認し
ながら円形の上下左右で揃え
ます。

⑨ テキストボックスの調整ハン
ドルをドラッグすると、文字
の位置が調整されます。

ステッカーが完成した

付録

図のアニメーション

図形には、アニメーションを設定できます。図形にアニメーションを設定すると、スライドに動きが加わり、講演方法の幅が広がるほか、閲覧者の興味を引くことができます。ここでは、グラフのアニメーションについても解説します。

第11章

第12章

付録　アニメーション

図形にアニメーションを設定する

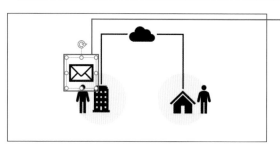

❶ アニメーションを設定する図形をクリックして選択し、

> **MEMO　アニメーションを多用しない**
>
> アニメーションは、閲覧者の興味を引くことができます。しかし、多用すると、プレゼンテーションで本来伝えるべき内容があいまいになってしまいます。注目させたいポイントに絞って設定しましょう。

❷ <アニメーション>タブをクリックして、

❸ <アニメーション>の▽をクリックすると、

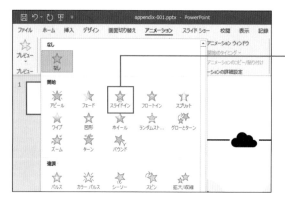

❹ アニメーションの一覧が表示されます。

❺ アニメーション（ここでは<スライドイン>）をクリックすると、アニメーションがプレビュー表示されます。

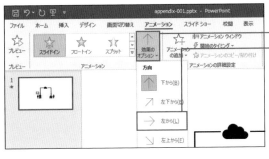

⑥ <効果のオプション>をクリックし、

⑦ アニメーションの開始方向（ここでは<左から>）をクリックすると、

> **MEMO** アニメーションを解除する
>
> アニメーションを解除するには、手順**⑤**で<なし>をクリックします。

⑧ アニメーションが設定されます。

⑨ 図形にアニメーションの再生順を示す番号が表示されます。

アニメーションが設定された

アニメーションを再生する

❶ <プレビュー>をクリックすると、

❷ アニメーションが再生され、メールのアイコンが画面左から流れるように入ってきます。

> **MEMO** 星印が表示される
>
> PowerPointでは、画面左側にスライドのサムネイルが表示されています。アニメーションが設定されているスライドのサムネイルには、星印が表示されるので、ほかのスライドを区別できます。
>
>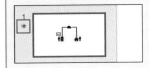

アニメーションが再生された

アニメーションを追加する

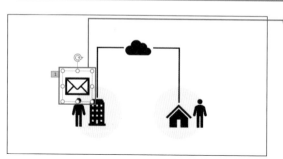

❶ アニメーションが再生されている図形を選択し、

❷ <アニメーションの追加>をクリックして、

❸ 追加するアニメーション（ここでは<ユーザー設定パス>）をクリックします。

> **MEMO** ほかのアニメーションを設定する
>
> アニメーションを追加するのではなく、ほかのアニメーションを設定するには、手順を繰り返してほかのアニメーションを指定します。

> **MEMO** 図形を軌跡に沿わせる
>
> アニメーションは、<アピール>や<パルス>といった動きがあらかじめ用意されています。左の手順に従うと、オリジナルの動きを設定できます。

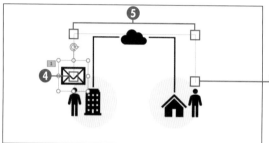

❹ アニメーションの始点をクリックし、

❺ 中間点をクリックしていき、

❻ 終点をダブルクリックすると、

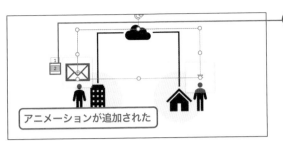

⑦アニメーションが追加され、再生順を示す番号（ここでは＜２＞）が表示されます。

アニメーションが追加された

アニメーションを再生する

①＜プレビュー＞をクリックすると、

②アニメーションが再生され、メールのアイコンが画面左から入ってきたあと、

③軌跡に沿って右へ移動します。

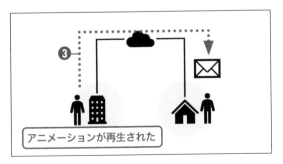

アニメーションが再生された

> MEMO　**開始のタイミング**
>
> スライドショーの実行時、標準設定では、アニメーションは画面をクリックすると開始されます。開始のタイミングは、＜アニメーション＞タブの＜開始＞をクリックすると表示される一覧から設定できます。
> ・＜クリック時＞
> 　画面をクリックすると開始されます。
> ・＜直前の動作と同時＞
> 　直前の動作と同時に開始されます。
> ・＜直前の動作の後＞
> 　直前の動作の終了後に開始されます。
>
>

グラフにアニメーションを設定する

❶ アニメーションを設定するグラフを選択し、

MEMO グラフのアニメーション

PowerPointでは、グラフにアニメーションを設定することもできます。グラフにアニメーションを設定すると、発表のタイミングに合わせてグラフ要素を表示できるので、情報を伝えやすくなります。

❷ ＜アニメーション＞タブをクリックして、

❸ ＜アニメーション＞の⊡をクリックすると、

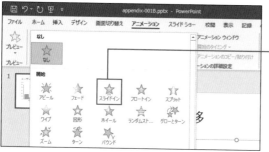

❹ アニメーションの一覧が表示されます。

❺ アニメーション（ここでは＜スライドイン＞）をクリックすると、アニメーションがプレビュー表示されます。

❻ ＜効果のオプション＞をクリックし、

❼ アニメーションの開始方向をクリック（右ページ参照）すると、アニメーションが設定されます。

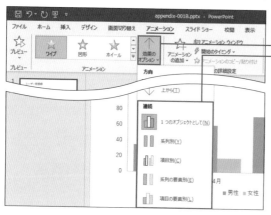

グラフのアニメーションのオプションを設定する

グラフのアニメーションには、次のオプションを設定できます。標準設定では＜1つのオブジェクトとして＞が設定されているので、グラフの内容に合わせて変更します。

1つのオブジェクトとして

 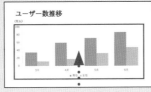

グラフが1つのまとまりとして表示されます。

系列別

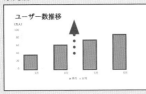 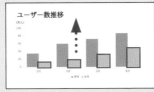

グラフの系列の1つが表示されたあと、次の系列が表示されます。

項目別

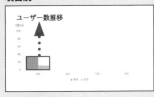 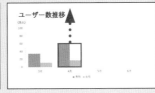

グラフの項目ごとに順番に表示されます。

系列の要素別

 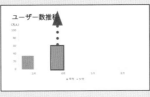

グラフの系列の要素が順番に表示され、すべて表示されると次の系列の要素が順番に表示されます。

項目の要素別

 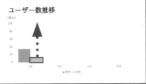

グラフの項目の要素が順番に表示され、すべて表示されると次の項目の要素が順番に表示されます。

SECTION
142

Excel

Excel での図の作成

Excelは、PowerPointと同様の手順で図形を作成できます。スマートガイド（Sec.034参照）は搭載されていませんが、セルを方眼紙のように設定することで、枠線を目安に図形の作成や移動ができます。

セルを方眼紙状に設定する

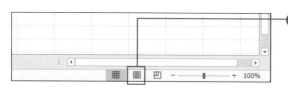

❶ 画面下部の＜ページレイアウト＞をクリックすると、ページレイアウトビューに切り替わります。

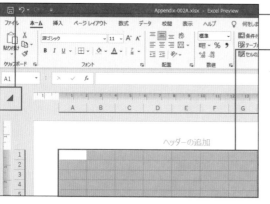

❷ ＜全セル選択＞をクリックすると、

❸ すべてのセルが選択されます。

> **MEMO** ビューを切り替える
>
> Excelでは、セルの高さの単位はpt、幅の単位は標準設定での文字数ですが、ページレイアウトビューに切り替えると、cm単位でセルの大きさを変更できます。

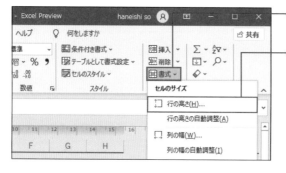

❹ ＜ホーム＞タブの＜書式＞をクリックし、

❺ ＜行の高さ＞をクリックして、

> **MEMO** セルの高さと幅を変更する
>
> Excelのシートには、たくさんのセルが並んでいます。セルの大きさを正方形に設定すると、方眼紙に描くように図形を作成できます。

6 行の高さ（ここでは「0.5」）を入力し、

7 < OK >をクリックします。

8 再度<書式>をクリックし、

9 <列の幅>をクリックして、

第11章

第12章

付録 Excel

10 列の幅（ここでは「0.5」）を入力し、

11 < OK >をクリックすると、

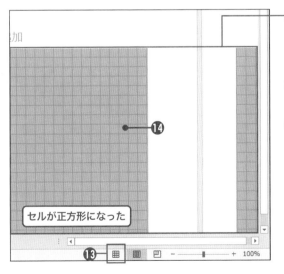

セルが正方形になった

12 セルが方眼紙上に設定されます。ここでは、セルの高さと幅は 0.5cm に設定されました。

13 <標準>をクリックすると、もとの標準ビューに戻ります。

14 任意のセルをクリックし、セルの選択を解除します。

MEMO もとに戻す

セルの高さと幅をもとに戻すには、行の高さを18.75pt（0.66cm）、列の幅を8.38文字数（1.93cm）に設定します。

271

Excelで図形を作成する

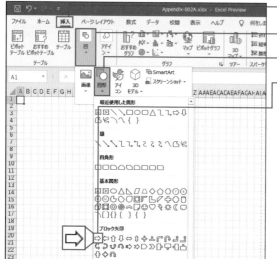

❶ <挿入>タブをクリックし、

❷ <図>をクリックして、

❸ <図形>をクリックし、

❹ 作成する図形（ここでは<矢印：右>）をクリックして、

> MEMO **セルの枠線に沿わせる**
>
> Excelでは、図形のサイズや位置を正確に設定したい場合、枠線が目安になります。Alt キーを押しながら操作すると、セルの枠線に沿うように図形の作成や移動ができるので便利です。

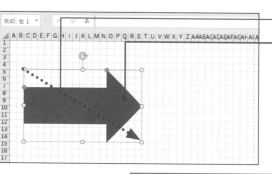

❺ シート上をドラッグすると、

❻ 図形が作成されます。

❼ PowerPoint と同様の手順で図形の色や効果を設定できます。

> MEMO **図形を拡大／縮小する**
>
> 図形のサイズ変更ハンドルをドラッグすると、図形のサイズを変更できます。なお、Excelの場合、セルの高さや幅を変更すると、図形のサイズも連動して変形するので注意が必要です。

図形が作成された

ExcelのグラフをPowerPointにコピーする

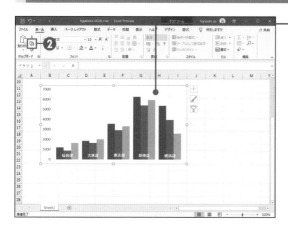

① グラフをクリックして選択し、

② <ホーム>タブの<コピー>をクリックすると、グラフがコピーされます。

③ Excelを終了します。

> **MEMO** **PowerPointと連携する**
>
> 売上や顧客情報、研究データなどをExcelで管理することが多くあります。PowerPointでは、Excelで作成したグラフを利用できます。そのため、それらの情報を利用したプレゼンテーションを行う場合、PowerPointでグラフを作り直す必要はありません。

④ PowerPointに切り替え、

⑤ <ホーム>タブの<貼り付け>の上半分をクリックすると、

> **MEMO** **ショートカットキーを利用する**
>
> 左の手順のほか、[Ctrl]+[C]キーを押してコピーし、[Ctrl]+[V]キーを押して貼り付けることもできます。

⑥ Excelで作成したグラフがPowerPointのスライドに貼り付けられます。

> **MEMO** **テーマによって変化する**
>
> グラフのデザインはテーマによって異なるため、PowerPointのテーマを変更している場合、貼り付けたExcelのグラフのデザインが変わってしまいます。この場合、Excelのデザインを維持するか、PowerPointのテーマに合わせるかを選択できます（次ページ参照）。

Excelのグラフが貼り付けられた

貼り付け後の書式を設定する

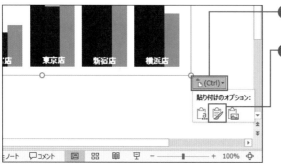

❶ <貼り付けのオプション>を
クリックし、

❷ <元の書式を保持>をクリッ
クすると、

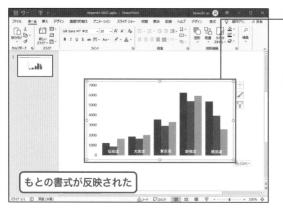

もとの書式が反映された

❸ Excel のグラフの書式が適用
されます。

> **MEMO** ボタンが違う場合
>
> ここでは、Excelを終了してからグ
> ラフを貼り付けています。Excelを
> 起動している場合、<貼り付けのオ
> プション>をクリックすると表示され
> るボタンは異なります。この場合、
> 貼り付けたグラフをもとのグラフと
> 連動（リンク）させるか、埋め込む（リ
> ンクさせない）かを選択できます。

✔ COLUMN

貼り付けのオプションを設定する

PowerPointやExcel、Wordでは、データをコピーして貼
り付けると、<貼り付けのオプション>が表示されます。こ
れをクリックすると、次のオプションを選択できます。

❶ <貼り付け先のテーマを使用>
　貼り付け先の書式が設定されます。

❷ <元の書式を保持>
　コピーもとの書式が保持されます。

❸ <図>
　データが画像として貼り付けられます。

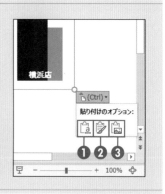

貼り付けたグラフのデータを編集する

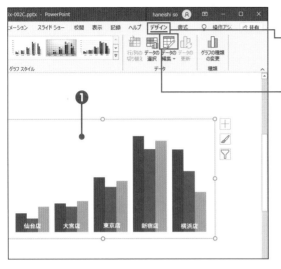

① グラフをクリックして選択し、

② <デザイン>タブ（もしくは<グラフのデザイン>タブ）をクリックして、

③ <データの編集>の上部分をクリックすると、

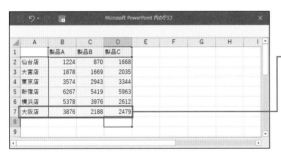

④ データの編集画面が表示されます。

⑤ データを追加すると、

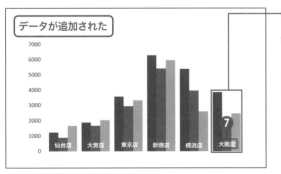

⑥ グラフに反映されます。

⑦ ラベルの位置を修正します。

MEMO　グラフを編集できない場合

グラフを貼り付けたあと、貼り付けのオプションで<図>を選択していた場合、グラフが画像として貼り付けられているのでデータを編集することはできません。

275

PowerPointの図形をExcelにコピーする

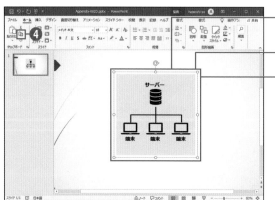

1 PowerPoint で図形を作成します。

2 図形をグループ化し、

3 図形を選択して、

4 <ホーム>タブの<コピー>をクリックします。

> **MEMO** **Excelと連携する**
>
> PowerPointで作成した図形は、Excelで利用できます。ただし、Excelにはテーマはありません。テーマの配色を維持したい場合は、貼り付けのオプションを設定する必要があります。

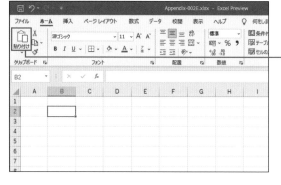

5 Excel に切り替え、

6 <ホーム>タブの<貼り付け>の上半分をクリックすると、

> **MEMO** **ショートカットキーを利用する**
>
> 左の手順のほか、Ctrl+Cキーを押してコピーし、Ctrl+Vキーを押して貼り付けることもできます。

✅ COLUMN

Excelにアイコンや写真を挿入する

Excelのシートには、アイコンや写真を挿入することもできます。手順はPowerPointと同様です。アイコンの挿入についてはSec.048、写真の挿入についてはSec.116を参照してください。

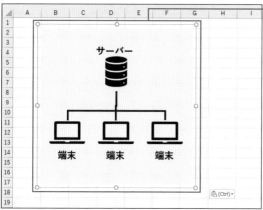

⑦ Excelで作成したグラフが
PowerPointのスライドに貼
り付けられます。しかし、
テーマの配色が反映されてい
ません。

第11章

第12章

付録

Excel

MEMO　画像として貼り付ける

PowerPointで作成した図形を貼
り付けると、Excelで編集できます。
ただし、図形のサイズを変更しても
文字のサイズが変更されないため、
デザインが崩れてしまうことがありま
す。＜貼り付けのオプション＞で
＜図＞をクリックすると、図形が画
像として貼り付けられるため、画像
のサイズに連動して文字も正しく表
示されます。ただし、図形として編
集することはできません。目的に合
わせて貼り付けのオプションを選択
しましょう。

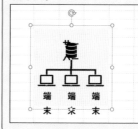

⑧ ＜貼り付けのオプション＞を
クリックし、

⑨ ＜元の書式を保持＞をクリッ
クすると、

⑩ PowerPointの図形の書式が
適用されます。

PowerPointのテーマが適用された

277

SECTION
143

Word

Wordでの図の作成

Wordで図形を作成する手順は、PowerPointと同様です。ただし、文章中に図形を挿入すると、文字列が図形の前後に表示されたり、文章に連動して図形が移動したりします。文字列の折り返しを設定して調整しましょう。

Wordで図形を作成する

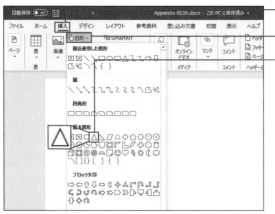

① <挿入>タブをクリックし、

② <図形>をクリックし、

③ 作成する図形（ここでは<二等辺三角形>）をクリックして、

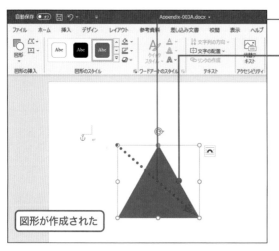

④ Shift キーを押しながら画面上をドラッグすると、

⑤ 図形（ここでは正三角形）が作成されます。

図形が作成された

MEMO　アイコンや写真を挿入する

Wordの文書には、アイコンや写真を挿入することもできます。手順はPowerPointと同様です。アイコンの挿入についてはSec.048、写真の挿入についてはSec.116を参照してください。

描画キャンバスを挿入する

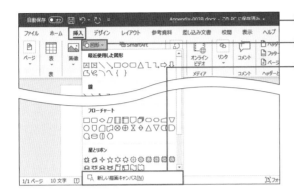

① <挿入>タブをクリックし、

② <図形>をクリックして、

③ <新しい描画キャンバス>を
クリックすると、

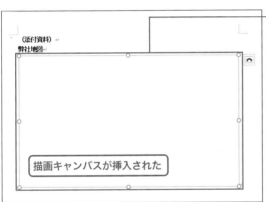

描画キャンバスが挿入された

④ 描画キャンバスがカーソルの
位置に挿入されます。

> **MEMO 描画キャンバス**
>
> 「描画キャンバス」は、図形を配置
> するための特別な図形です。描画
> キャンバス上に図形を配置すること
> で、複数の図形をまとめて移動した
> り、サイズを変更したりできます。

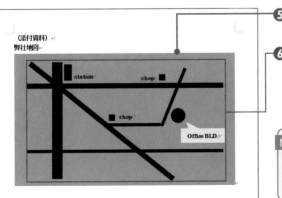

⑤ 必要に応じて描画キャンバス
の色を変更し、

⑥ 描画キャンバス上に直線や四
角形を作成します。

> **MEMO 色やサイズを設定する**
>
> 標準設定では、描画キャンバスは
> 透明です。通常の図形と同様の手
> 順で色やサイズを変更できます。

PowerPointの図形をWordにコピーする

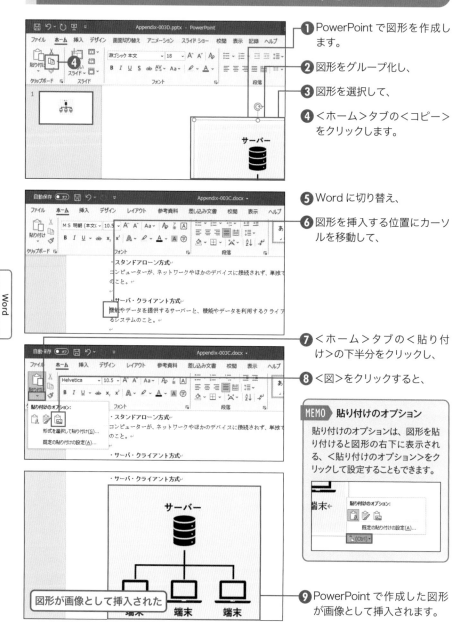

❶ PowerPoint で図形を作成します。

❷ 図形をグループ化し、

❸ 図形を選択して、

❹ ＜ホーム＞タブの＜コピー＞をクリックします。

❺ Word に切り替え、

❻ 図形を挿入する位置にカーソルを移動して、

❼ ＜ホーム＞タブの＜貼り付け＞の下半分をクリックし、

❽ ＜図＞をクリックすると、

> **MEMO** 貼り付けのオプション
>
> 貼り付けのオプションは、図形を貼り付けると図形の右下に表示される、＜貼り付けのオプション＞をクリックして設定することもできます。

❾ PowerPoint で作成した図形が画像として挿入されます。

図形が画像として挿入された

文字列の折り返しを設定する

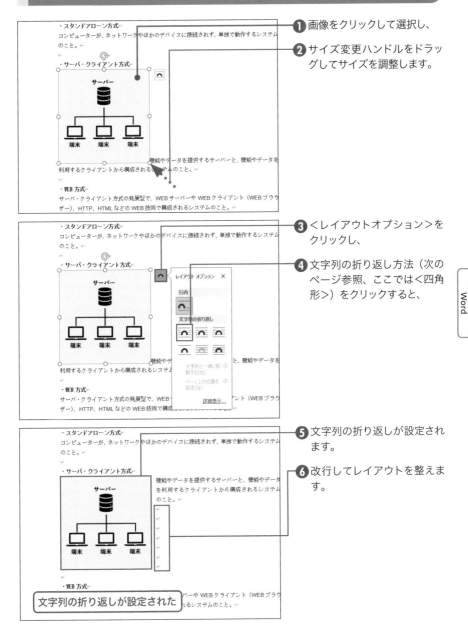

❶ 画像をクリックして選択し、

❷ サイズ変更ハンドルをドラッグしてサイズを調整します。

❸ ＜レイアウトオプション＞をクリックし、

❹ 文字列の折り返し方法（次のページ参照、ここでは＜四角形＞）をクリックすると、

❺ 文字列の折り返しが設定されます。

❻ 改行してレイアウトを整えます。

281

✅ COLUMN

文字列の折り返し

「文字列の折り返し」とは、写真などの図形の周りに文字をどのように表示させるかという設定のことです。文字列の折り返しの種類は、次の7種類があります。標準設定では、四角形などの図形は＜前面＞、写真やイラストなどの画像は＜行内＞に設定されます。

＜行内＞

図形が行内の1文字と同じ扱いになります。

＜上下＞

文字が図形の上下に表示されます。

＜四角形＞

文字が図形の上下に表示されます。

＜背面＞

文字が図形の上に重なって表示されます。

＜狭く＞

文字が図形の輪郭に沿うように表示されます。

＜前面＞

図形が文字の上に重なって表示されます。

＜内部＞

文字が図形の折り返し点に沿って表示されます。折り返し点は、＜書式＞タブにある＜文字列の折り返し＞をクリックし、＜折り返し点の編集＞をクリックすると編集できます。

282

▶ 索引

283

▶ キーボードショートカット一覧

図形・画像の操作

キー	内容
Ctrl + Shift + [[]	図形・画像を1つ背面に移動
Ctrl + Shift + []]	図形・画像を1つ前面に移動
Ctrl + G	選択した図形・画像をグループ化
Ctrl + Shift + G	選択したグループをグループ解除
Ctrl + Shift + C	選択した図形・画像の属性をコピー
Ctrl + Shift + V	選択した図形・画像に属性を貼り付け

編集機能

キー	内容
Ctrl + X	選択したものを切り取る
Ctrl + C	選択したものをコピー
Ctrl + V	コピー／切り取りしたものを貼り付ける
Ctrl + Shift + C	書式のみをコピー
Ctrl + Shift + V	書式のみを貼り付け
Ctrl + Alt + V	[形式を選択して貼り付け]ダイアログを開く
Ctrl + Z	直前の操作をもとに戻す
Ctrl + Y	直前の操作を繰り返す

編集で役立つショートカットキー

キー	内容
Ctrl + F	[検索]ダイアログボックスを表示
Ctrl + H	[置換]ダイアログボックスを表示
Shift + F4	最後の[検索]操作を繰り返す
Shift + F9	グリッドの表示／非表示を切り替え
Alt + F9	ガイドの表示／非表示を切り替え

文字の書式

キー	内容
Ctrl + B	太字を設定／解除
Ctrl + U	下線を設定／解除
Ctrl + I	斜体を設定／解除
Ctrl + Shift + [+]	上付き文字を設定
Ctrl + T	[フォント]ダイアログを開く
Ctrl + K	ハイパーリンクを挿入
Ctrl + E	段落を中央揃えにする
Ctrl + J	段落を両端揃えにする
Ctrl + L	段落を左揃えにする
Ctrl + R	段落を右揃えにする
Shift + F3	大文字と小文字を切り替え
Tab	箇条書きのレベルを下げる
Shift + Tab	箇条書きのレベルを上げる

スライドの操作

キー	内容
Ctrl + M	新しいスライドを追加
PageDown	次のスライドに移動
PageUp	前のスライドに戻る

ファイルの操作

キー	内容
Ctrl + N	プレゼンテーションを新規作成
Ctrl + O	Backstageビューの[開く]を表示
Ctrl + S	上書き保存
F12	[名前を付けて保存]ダイアログを表示
Ctrl + W	ウィンドウを閉じる
Ctrl + Q	アプリの終了
Ctrl + P	Backstageビューの[印刷]を表示

ウィンドウの操作

キー	内容
Ctrl + F1	リボンの表示／非表示を切り替え
Ctrl+マウスホイールを奥に回す	拡大表示
Ctrl+マウスホイールを手前に回す	縮小表示
Win + ↑	ウィンドウを最大化
Win + ↓	ウィンドウの大きさを元に戻す
Win + ↓	ウィンドウを最小化

スライド上のビデオの再生

キー	内容
Alt + Q	再生を停止
Alt + P	再生または一時停止
Alt + ↑	音量を上げる
Alt + ↓	音量を下げる
Alt + U	サウンドをミュート
Alt + Shift + PageDown	3秒早送りする
Alt + Shift + PageUp	3秒巻き戻す

スライドショー中に
ポインターと注釈を使用

キー	内容
Ctrl + L	レーザーポインターを開始
Ctrl + P	ポインターをペンに変更
Ctrl + A	矢印ポインターに変更
Ctrl + E	ポインターを消しゴムに変更
Ctrl + H	ポインターと移動ボタンを非表示
Ctrl + M	インクのマークアップの表示／非表示を切り替え
E	スライドへの書き込みを削除

スライドショーの実行

キー	内容
F5	スライドショーを最初から開始
Shift + F5	スライドショーを現在のスライドから開始
Alt + F5	発表者ツールでスライドショーを開始
→、↓、N	次のアニメーションを実行する。または、次のスライドに進む
←、↑、P	前のアニメーションを実行する。または、前のスライドに戻る
B、.	黒い画面を表示する。または、黒い画面からスライドショーに戻る
W、,	白い画面を表示する。または、白い画面からスライドショーに戻る
S	自動実行プレゼンテーションを停止または再開する
Esc	スライドショーを終了
Ctrl + S	[すべてのスライド]ダイアログを表示する。
Home	最初のスライドを表示
End	最後のスライドに移動
Ctrl + T	Windowsのタスクバーを表示
Tab	現在のスライドの次のハイパーリンクに移動
Shift + Tab	現在のスライドの前のハイパーリンクに移動

お問い合わせについて

本書に関するご質問については、本書に記載されている内容に関するもののみとさせていただきます。本書の内容と関係のないご質問につきましては、一切お答えできませんので、あらかじめご了承ください。また、電話でのご質問は受け付けておりませんので、必ずFAXか書面にて下記までお送りください。
なお、ご質問の際には、必ず以下の項目を明記していただきますよう、お願いいたします。

① お名前
② 返信先の住所またはFAX番号
③ 書名（今すぐ使えるかんたんEx　PowerPoint　ビジネス作図　プロ技BEST セレクション
④ 本書の該当ページ
⑤ ご使用のOSとソフトウェアのバージョン
⑥ ご質問内容

なお、お送りいただいたご質問には、できる限り迅速にお答えできるよう努力いたしておりますが、場合によってはお答えするまでに時間がかかることがあります。また、回答の期日をご指定なさっても、ご希望にお応えできるとは限りません。あらかじめご了承くださいますよう、お願いいたします。

問い合わせ先

〒 162-0846
東京都新宿区市谷左内町 21-13
株式会社技術評論社　書籍編集部
「今すぐ使えるかんたんEx　PowerPoint　ビジネス作図　プロ技BEST セレクション」質問係
FAX 番号　03-3513-6167　URL：https://book.gihyo.jp/116

お問い合わせの例

FAX

① お名前
　技術　太郎
② 返信先の住所またはFAX番号
　03-××××-××××
③ 書名
　今すぐ使えるかんたんEx
　PowerPointビジネス作図　プロ技
　BEST セレクション
④ 本書の該当ページ
　100 ページ
⑤ ご使用のOSとソフトウェアの
　バージョン
　Windows 10
　PowerPoint 2021
⑥ ご質問内容
　手順②の画面が表示されない

※ご質問の際に記載いただきました個人情報は、回答後速やかに破棄させていただきます。

いますぐ使えるかんたんEx

PowerPoint ビジネス作図
プロ技BESTセレクション

2021 年 11 月 17 日　初版　第 1 刷発行

著者……………………… リブロワークス
発行者……………………… 片岡　巖
発行所……………………… 株式会社 技術評論社
　　　　　　　　　　　　　東京都新宿区市谷左内町 21-13
　　　　　　　　　　　　　電話　03-3513-6150　販売促進部
　　　　　　　　　　　　　　　　03-3513-6160　書籍編集部
装丁デザイン……………… 菊池　祐（ライラック）
本文デザイン……………… 菊池　祐（ライラック）
執筆協力…………………… 羽石　相
DTP ……………………… リブロワークス
編集………………………… リブロワークス
担当………………………… 田中　秀春
製本／印刷………………… 日経印刷株式会社

定価はカバーに表示してあります。

ISBN978-4-297-12427-4 C3055
Printed in Japan